Vorwort

Fachkräfte für Metalltechnik stellen Bauteile, Baugruppen oder Konstruktionen aus Metall her, sie arbeiten in der Einzelfertigung und Serienmontage von Baugruppen und Systemen. Sie bearbeiten Metallteile mit unterschiedlichen Verfahren und montieren sie.
Die Ausbildung dauert zwei Jahre.

Die Berufsausbildung der Fachkraft für Metalltechnik gliedert sich in die Fachrichtungen:

1. Montagetechnik
2. Konstruktionstechnik
3. Zerspanungstechnik
4. Umform- und Drahttechnik

Der neue Ausbildungsberuf löst insgesamt elf Ausbildungsberufe ab, die teilweise aus den 1930er Jahren stammen:

Drahtwarenmacher – Drahtzieher – Federmacher – Fräser – Gerätezusammensetzer – Kabeljungwerker – Maschinenzusammensetzer – Metallschleifer – Revolverdreher – Schleifer – Teilezurichter

Diese Berufe traten zum 1. August 2013 außer Kraft.

Die Unternehmen und Bildungseinrichtungen haben die Möglichkeit, zwischen den Fachrichtungen zu wählen. Die Entscheidung für die geeignete Fachrichtung trifft jedes Unternehmen/jede Bildungseinrichtung nach seinen/ihren speziellen Bedürfnissen.

Die PAL erstellt in Zusammenarbeit mit paritätisch besetzten Fachausschüssen die Zwischen- und Abschlussprüfungen.

Die vorliegende Musterprüfung ist ein Beispiel für eine Abschlussprüfung. Sie soll den Ausbilder(inne)n, Auszubildenden und den Prüfungsausschüssen zur Orientierung dienen.

Abschließend möchten wir den Firmen und Bildungseinrichtungen danken, die uns u. a. durch die Freistellung der Fachausschuss-Mitglieder und der Sachverständigen unterstützt haben. Ebenso sei den Personen gedankt, welche durch ihre Hilfe beim Entwurf sowie durch ihren außerordentlichen Einsatz zum Gelingen des Leitfadens für die Abschlussprüfung beigetragen haben.

Haben Sie Anregungen oder Kritik?

Dann wenden Sie sich bitte an:

PAL – Prüfungsaufgaben- und
Lehrmittelentwicklungsstelle
Industrie- und Handelskammer
Region Stuttgart
Jägerstraße 30, 70174 Stuttgart
Postfach 10 24 44, 70020 Stuttgart
Telefon 0711 2005-1833
Telefax 0711 2005-1830
www.ihk-pal.de
pal@stuttgart.ihk.de

Inhaltsverzeichnis

Abschlussprüfung

1 Allgemein

Die handlungs- und prozessorientierte Ausbildung orientiert sich an dem Modell der vollständigen Handlung. Das Modell der vollständigen Handlung ist von den Arbeitswissenschaftlern zur Beurteilung der Qualität von Arbeitsanforderungen entwickelt worden.

Das Modell umfasst sechs Zyklen:

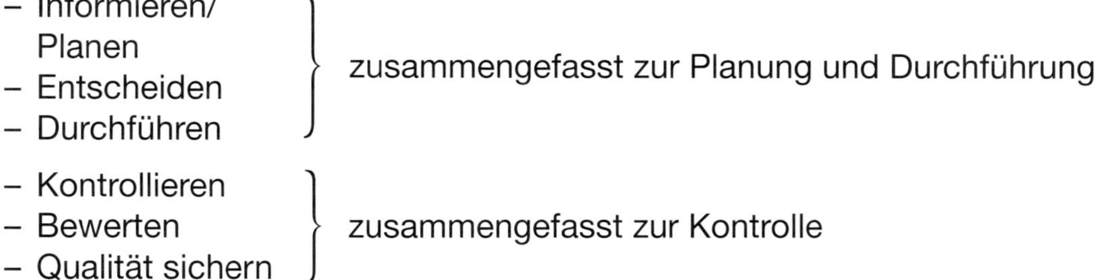

Diese Zyklen werden durch einen Handlungskreis dargestellt. Dadurch soll deutlich gemacht werden, dass die Inhalte der Zyklen immer wieder abgearbeitet werden müssen.

Ziel der handlungsorientierten Ausbildung ist die Vermittlung von Handlungskompetenz. Die meisten neueren Ausbildungsordnungen definieren Handlungskompetenz als die Fähigkeit zum selbstständigen Planen, Durchführen und Kontrollieren von Aufträgen. Die Fähigkeit zur selbstständigen Planung, Durchführung und Kontrolle unterscheidet Fachkräfte von Anlernkräften.

Die Selbstständigkeit ist das verbindliche Ausbildungsziel. Diese soll durch selbstständiges Lernen vermittelt werden. Die Selbstlernkompetenz der Fachkräfte ist die Voraussetzung für die Bewältigung des technischen und organisatorischen Wandels in unserer Arbeitswelt.

Prozessorientierte Ausbildung ist dadurch gekennzeichnet, dass keine einzelnen Fachqualifikationen vorgegeben werden, sondern Arbeitsprozesse. Es müssen die für den Arbeitsprozess notwendigen Qualifikationen entsprechend dem jeweils aktuellen Stand der Technik vermittelt werden.

Die moderne Arbeitswelt erfordert von dem/der zukünftigen Facharbeiter/-in folgende Fähigkeiten:

- Planen und Organisieren der Arbeitsabläufe
- Auswahl von geeigneten Fertigungsverfahren
- Arbeitsdurchführung
- Arbeitsdurchführung und -ergebnisse feststellen, dokumentieren und bewerten
- Berücksichtigung betriebswirtschaftlicher, sicherheitstechnischer und ökologischer Gesichtspunkte
- betriebliche und technische Kommunikation, Arbeiten in Teams sowie Kundenorientierung

Im Rahmen der dualen Berufsausbildung auf der Grundlage dieser Ausbildungsregelung ist die Berufsschule Partner und mitverantwortlich für eine qualifizierte und qualifizierende Berufsausbildung.

Die Prüfung besteht aus zwei zeitlich auseinanderfallenden Teilen, der Zwischen- und Abschlussprüfung. Durch die Abschlussprüfung ist festzustellen, ob der Prüfling die berufliche Handlungsfähigkeit erworben hat.

In der Abschlussprüfung soll der Prüfling nachweisen, dass er die erforderlichen beruflichen Fertigkeiten beherrscht, die notwendigen beruflichen Kenntnisse und Fähigkeiten besitzt und mit dem im Berufsschulunterricht vermittelten, für die Berufsausbildung wesentlichen Lehrstoff vertraut ist.

Für die Bewältigung der täglichen Arbeit muss sich der/die zukünftige Facharbeiter/-in Informationen beschaffen und diese auswerten, sie zu einem Arbeitsplan zusammenfassen, die richtigen Entscheidungen treffen. Weiterhin führt er/sie die notwendigen Arbeiten unter Beachtung von Sicherheitsvorkehrungen durch und kontrolliert und bewertet die Ergebnisse, stellt eventuelle Mängel fest und sucht nach Verbesserungsmöglichkeiten. Die durchgeführten Tätigkeiten werden, zum Beispiel durch ein Prüfprotokoll, dokumentiert. Am Ende der Tätigkeit muss das Prüfungsstück dem Kunden (Prüfungsausschuss) übergeben werden.

1.1 Ziel der Abschlussprüfung

In der Abschlussprüfung wird festgestellt, ob der Prüfling die erforderlichen Qualifikationen erworben hat, die für seinen Ausbildungsberuf relevant sind.

1.2 Abschlussprüfung

Die Abschlussprüfung wird fachrichtungsbezogen durchgeführt.

Sie besteht aus den Prüfungsbereichen:

- Fertigungsauftrag
- Fertigungstechnik
- Arbeitsplanung
- Wirtschafts- und Sozialkunde

1.3 Prüfungsbereich Fertigungsauftrag (Prüfungsstück)

Für den Prüfungsbereich Fertigungsauftrag bestehen folgende Vorgaben:

Der Prüfling soll nachweisen, dass er in der Lage ist,

- Art und Umfang von Aufträgen zu erfassen, Informationen für die Auftragsabwicklung zu beschaffen,
- Informationen für die Auftragsabwicklung zu nutzen, sicherheitsrelevante Vorgaben zu beachten, Auftragsabwicklungen zu planen und zu dokumentieren,
- Fertigungsaufträge, insbesondere unter Berücksichtigung von Arbeitssicherheit, Umweltschutz, Qualitätsanforderungen und Terminvorgaben, durchzuführen,

- Prüfverfahren und Prüfmittel auszuwählen und anzuwenden, Einsatzfähigkeit von Prüfmitteln festzustellen, Ergebnisse zu prüfen und zu dokumentieren;
- der Prüfling soll ein Prüfungsstück herstellen;
- die Prüfungszeit beträgt sieben Stunden.

1.4 Prüfungsbereich Fertigungstechnik

Für den Prüfungsbereich Fertigungstechnik bestehen folgende Vorgaben:

Der Prüfling soll nachweisen, dass er in der Lage ist,

- einen Fertigungsauftrag zu analysieren, Fertigungsverfahren und Fertigungsparameter, Prüfmethoden und Prüfmittel festzulegen, Werkzeugmaschinen zuzuordnen und deren Wartung zu berücksichtigen, Fertigungstechniken anzuwenden, Arbeitsergebnisse zu dokumentieren;
- der Prüfling soll Aufgaben schriftlich bearbeiten;
- die Prüfungszeit beträgt 90 Minuten.

1.5 Prüfungsbereich Arbeitsplanung

Für den Prüfungsbereich Arbeitsplanung bestehen folgende Vorgaben:

Der Prüfling soll nachweisen, dass er in der Lage ist,

- technische Unterlagen auf Vollständigkeit und Richtigkeit zu prüfen und zu ergänzen, Fertigungsschritte zu überprüfen und zu optimieren, das Einrichten von Werkzeugmaschinen unter Berücksichtigung von Arbeitssicherheit und Umweltschutz zu planen sowie technische Regelwerke, Richtlinien und Prüfvorschriften anzuwenden;
- der Prüfling soll Aufgaben schriftlich bearbeiten;
- die Prüfungszeit beträgt 60 Minuten.

1.6 Prüfungsbereich Wirtschafts- und Sozialkunde

Für den Prüfungsbereich Wirtschafts- und Sozialkunde bestehen folgende Vorgaben:

Der Prüfling soll nachweisen, dass er in der Lage ist,

- allgemeine, wirtschaftliche und gesellschaftliche Zusammenhänge der Berufs- und Arbeitswelt darzustellen und zu beurteilen;
- der Prüfling soll praxisbezogene Aufgaben schriftlich bearbeiten;
- die Prüfungszeit beträgt 60 Minuten.

1.7 Prüfungsdurchführung

Es wird mit der Durchführung der schriftlichen Prüfung an einem festgelegten Tag begonnen. Im Anschluss daran erfolgt die Durchführung des Fertigungsauftrags an einem gesonderten Tag innerhalb eines Prüfungszeitraums von ca. drei Monaten.

Prüfungsbereich Fertigungstechnik und Arbeitsplanung

Die Prüfungsbereiche beinhalten jeweils in dem Prüfungsbereich

Fertigungstechnik (90 Minuten)

25 gebundene Aufgaben (vier zur Abwahl und sechs keine Abwahl möglich)
Aufgaben zur Mathematik
Aufgaben zur Technischen Kommunikation

\+ 6 ungebundene Aufgaben, nicht abwählbar
Aufgaben zur Mathematik
Aufgaben zur Technischen Kommunikation

Arbeitsplanung (60 Minuten)

20 gebundene Aufgaben (drei zur Abwahl und vier keine Abwahl möglich)
Aufgaben zur Mathematik
Aufgaben zur Technischen Kommunikation

\+ 4 ungebundene Aufgaben, nicht abwählbar
Aufgaben zur Mathematik
Aufgaben zur Technischen Kommunikation

Die gebundenen Aufgaben werden in Form der thematischen Klammer dargestellt – einer Weiterentwicklung von gebundenen Aufgaben, durch die auch komplexe Situationen erfasst werden können.

Die ungebundenen Aufgaben sind dadurch gekennzeichnet, dass der Prüfling nach eigenem Ermessen Antworten auf die ihm gestellten Aufgaben frei formulieren muss.

1.8 Ergebnisfeststellung

Die Abschlussprüfung wird am Ende der Ausbildungszeit durchgeführt und bezieht sich auf die während der gesamten Ausbildungszeit vermittelten Qualifikationen.

Der Fertigungsauftrag wird mit 60 Prozent, der Prüfungsbereich Fertigungstechnik mit 20 Prozent, der Prüfungsbereich Arbeitsplanung mit 10 Prozent und der Prüfungsbereich Wirtschafts- und Sozialkunde mit 10 Prozent gewichtet.

Das Ergebnis der Abschlussprüfung wird dem Prüfling schriftlich mitgeteilt.

Industrie- und Handelskammer

Abschlussprüfung

Fachkraft für Metalltechnik
Zerspanungstechnik

Berufs-Nr. 0718

Schriftliche Prüfung

Hinweise für die Kammer

Richtlinien für den Prüfungsausschuss

Musterprüfung

M 0718 R

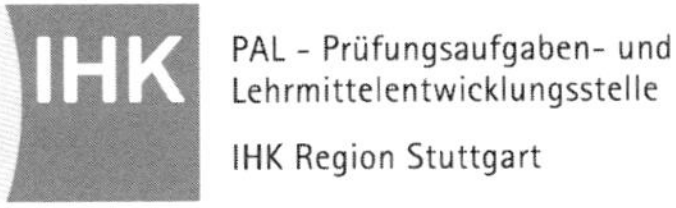

PAL - Prüfungsaufgaben- und Lehrmittelentwicklungsstelle
IHK Region Stuttgart

Prüfungsaufgabensatz

Der Prüfungsaufgabensatz für die schriftlichen Prüfungsbereiche besteht aus folgenden Unterlagen:

1	**Allgemein**	
1.1	Hinweise für die Kammer Richtlinien für den Prüfungsausschuss (sind im vorliegenden Heft zusammengefasst)	rot
1.2	Stellungnahme des Prüfungsausschusses (Zugangsdaten erhalten Sie über Ihre zuständige Industrie- und Handelskammer/Handwerkskammer)	Onlineformular
2	**Lösungsschablonen/-vorschläge für den Prüfungsausschuss**	
2.1	Lösungsschablone Fertigungstechnik	
2.2	Lösungsschablone Arbeitsplanung	
2.3	Lösungsschablone Wirtschafts- und Sozialkunde	
2.4	Heft Lösungsvorschläge mit – Fertigungstechnik – Arbeitsplanung	rot
2.5	Gegebenenfalls Blatt Lösungsvorschläge Wirtschafts- und Sozialkunde	rot

Die Lösungsschablonen der gebundenen Aufgaben und die Lösungsvorschläge der ungebundenen Aufgaben werden am Tag der Prüfung bereitgestellt.

3	**Fertigungstechnik**	
3.1	Aufgabenheft Fertigungstechnik	weiß
3.2	Anlage(n): 1 Blatt im Format A4, 2 Blatt im Format A3	weiß
3.3	Markierungsbogen	grau-weiß
4	**Arbeitsplanung**	
4.1	Aufgabenheft Arbeitsplanung	grün
4.2	Anlage(n): 1 Blatt im Format A4, 2 Blatt im Format A3	grün
4.3	Markierungsbogen	grün
5	**Wirtschafts- und Sozialkunde**	
5.1	Aufgabenheft Wirtschafts- und Sozialkunde	blau
5.2	Anlage(n): gegebenenfalls	blau
5.3	Markierungsbogen	blau

Internet: www.ihk-pal.de
M 0718 R

1 Hinweise zur Abschlussprüfung Fachkraft für Metalltechnik – Zerspanungstechnik

1.1 Allgemein

Die Abschlussprüfung besteht aus den Prüfungsbereichen Fertigungsauftrag, Fertigungstechnik, Arbeitsplanung und Wirtschafts- und Sozialkunde.

<table>
<tr><th colspan="2">Abschlussprüfung
Gewichtung 100 %</th></tr>
<tr><td>Prüfungsbereich</td><td>Prüfungsbereich</td></tr>
<tr><td rowspan="3">Fertigungsauftrag

Gewichtung: 60 %
Prüfungszeit: 7 h</td><td>Fertigungstechnik

Gewichtung: 20 %
Prüfungszeit: 90 min

25 gebundene Aufgaben
4 zur Abwahl
6 keine Abwahl möglich:
Aufgaben zur Mathematik
Aufgaben zur Technischen Kommunikation

+ 6 ungebundene Aufgaben, nicht abwählbar
Aufgaben zur Mathematik
Aufgaben zur Technischen Kommunikation</td></tr>
<tr><td>Arbeitsplanung

Gewichtung: 10 %
Prüfungszeit: 60 min

20 gebundene Aufgaben
3 zur Abwahl
4 keine Abwahl möglich:
Aufgaben zur Mathematik
Aufgaben zur Technischen Kommunikation

+ 4 ungebundene Aufgaben, nicht abwählbar
Aufgaben zur Mathematik
Aufgaben zur Technischen Kommunikation</td></tr>
<tr><td>Wirtschafts- und Sozialkunde

Gewichtung: 10 %
Prüfungszeit: 60 min</td></tr>
</table>

1.2 Bewertung der Prüfungsleistungen

Die ausgegebenen Unterlagen sind nach Ablauf der Vorgabezeit vom Prüfling mit seinen Lösungen abzugeben. Die Prüflingsnummer sowie der Vor- und Familienname sind sofort nach Erhalt vom Prüfungsausschuss zu überprüfen.

1.2.1 Bewertung der ungebundenen Aufgaben

Die Bewertung der ungebundenen Aufgaben erfolgt direkt in den Aufgabenheften unter Zuhilfenahme der Lösungsvorschläge. Andere Lösungen sind, falls fachlich richtig, entsprechend zu bewerten. Die Einzelergebnisse sind in den Markierungsbogen in die vorgegebenen Felder zu übertragen.

Für die Bewertung der ungebundenen Aufgaben empfiehlt der PAL-Fachausschuss den gleitenden Bewertungsschlüssel:

10 bis 0 Punkte (10 – 9 – 8 – 7 – 6 – 5 – 4 – 3 – 2 – 1 – 0 Punkte)

Auf Basis von § 24 Musterprüfungsordnung für die Durchführung von Abschluss- und Umschulungsprüfungen des Hauptausschusses des Bundesinstituts für Berufsbildung (BiBB) vom März 2007 sind die Prüfungsleistungen wie folgt zu bewerten:

<table>
<tr><td>10</td><td>Eine den Anforderungen in besonderem Maße entsprechende Leistung</td></tr>
<tr><td>9</td><td>Eine den Anforderungen voll entsprechende Leistung</td></tr>
<tr><td>8</td><td rowspan="2">Eine den Anforderungen im Allgemeinen entsprechende Leistung</td></tr>
<tr><td>7</td></tr>
<tr><td>6</td><td rowspan="2">Eine Leistung, die zwar Mängel aufweist, aber den Anforderungen noch entspricht</td></tr>
<tr><td>5</td></tr>
<tr><td>4</td><td rowspan="2">Eine Leistung, die den Anforderungen nicht entspricht, jedoch erkennen lässt, dass Grundkenntnisse vorhanden sind</td></tr>
<tr><td>3</td></tr>
<tr><td>2</td><td rowspan="3">Eine Leistung, die den Anforderungen nicht entspricht und bei der selbst Grundkenntnisse fehlen
oder
keine Prüfungsleistung erbracht</td></tr>
<tr><td>1</td></tr>
<tr><td>0</td></tr>
</table>

1.2.2 Bewertung der gebundenen Aufgaben

Die Bewertung der gebundenen Aufgaben erfolgt auf der Basis des vom Prüfling ausgefüllten Markierungsbogens unter Zuhilfenahme der Lösungsschablone (Download).

1.2.3 Erläuterungen zur Bewertung der gebundenen Aufgaben

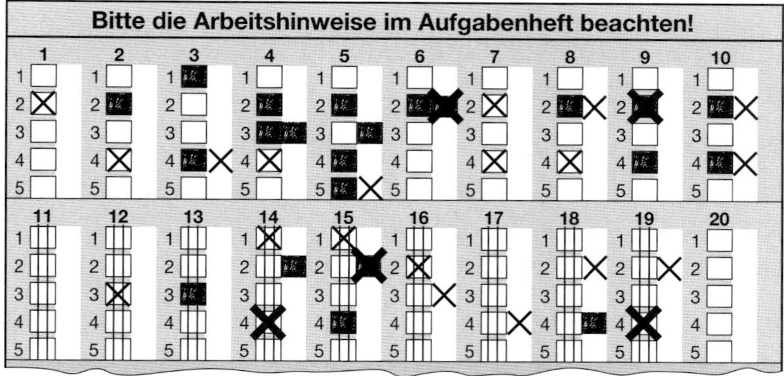

Aufgabe	Eintrag im Markierungsbogen	Lösung/Abwahl
1	eindeutig	2
2	eindeutig	4
3	eindeutig	4
4	eindeutig	4
5	eindeutig	5
6	eindeutig	2
7	nicht eindeutig	Aufgabe falsch beantwortet
8	nicht eindeutig	Aufgabe falsch beantwortet
9	nicht eindeutig	Aufgabe falsch beantwortet
10	nicht eindeutig	Aufgabe falsch beantwortet
11	eindeutig	Abwahl
12	eindeutig	Abwahl
13	eindeutig	Abwahl
14	eindeutig	Abwahl
15	eindeutig	2
16	eindeutig	3
17	eindeutig	4
18	eindeutig	2
19	eindeutig	2
20	eindeutig	Keine Lösung/keine Abwahl: Aufgabe falsch beantwortet

2.2 Schriftliche Aufgabenstellungen (Fertigungstechnik)

In der Abfolge der Prüfungsdurchführung ist es aufgrund des thematischen Zusammenhangs sinnvoll, die schriftlichen Aufgabenstellungen und das 7-stündige Prüfungsstück in einem engen zeitlichen Zusammenhang durchzuführen.

Durch die geforderte Handlungs- und Prozessorientierung ist die Mehrzahl der Aufgaben in Form der thematischen Klammer dargestellt.

Anhand der schriftlichen Aufgabenstellungen wird ermittelt, ob der Prüfling die notwendigen beruflichen Kenntnisse besitzt und ob er mit dem im Berufsschulunterricht vermittelten Lehrstoff vertraut ist. Es werden dabei auch Aufgaben zu den Themengebieten der Technischen Mathematik und der Technischen Kommunikation (z. B. Zeichnungslesen) gestellt.

Bei den vorgegebenen fünf Auswahlantworten der gebundenen Aufgaben ist jeweils nur eine richtig. Es darf deshalb nur ein Kreuz gemacht werden.

Für den Prüfungsbereich Fertigungstechnik ist in der Verordnung eine Höchstzeit von 90 Minuten angegeben.

Der Prüfungsbereich Fertigungstechnik beinhaltet

- 25 Aufgaben in gebundener Form mit 4 abwählbaren Aufgaben und
- 6 Aufgaben in ungebundener Form.

Bei den gebundenen und den ungebundenen Aufgaben werden auch Aufgaben aus der Mathematik und der Technischen Kommunikation (z. B. Zeichnungslesen) gestellt. Die Aufgaben zur Mathematik und Technischen Kommunikation sind in der Regel nicht abwählbar.

Die gebundenen Aufgaben werden in Form der thematischen Klammer dargestellt – einer Weiterentwicklung von gebundenen Aufgaben, durch die auch komplexe Situationen erfasst werden können.

Die ungebundenen Aufgaben sind dadurch gekennzeichnet, dass der Prüfling nach eigenem Ermessen Antworten auf die ihm gestellten Aufgaben frei formulieren muss.

Die schriftlichen Aufgabenstellungen im Bereich der Fertigungstechnik sind für alle Fachrichtungen unterschiedlich.

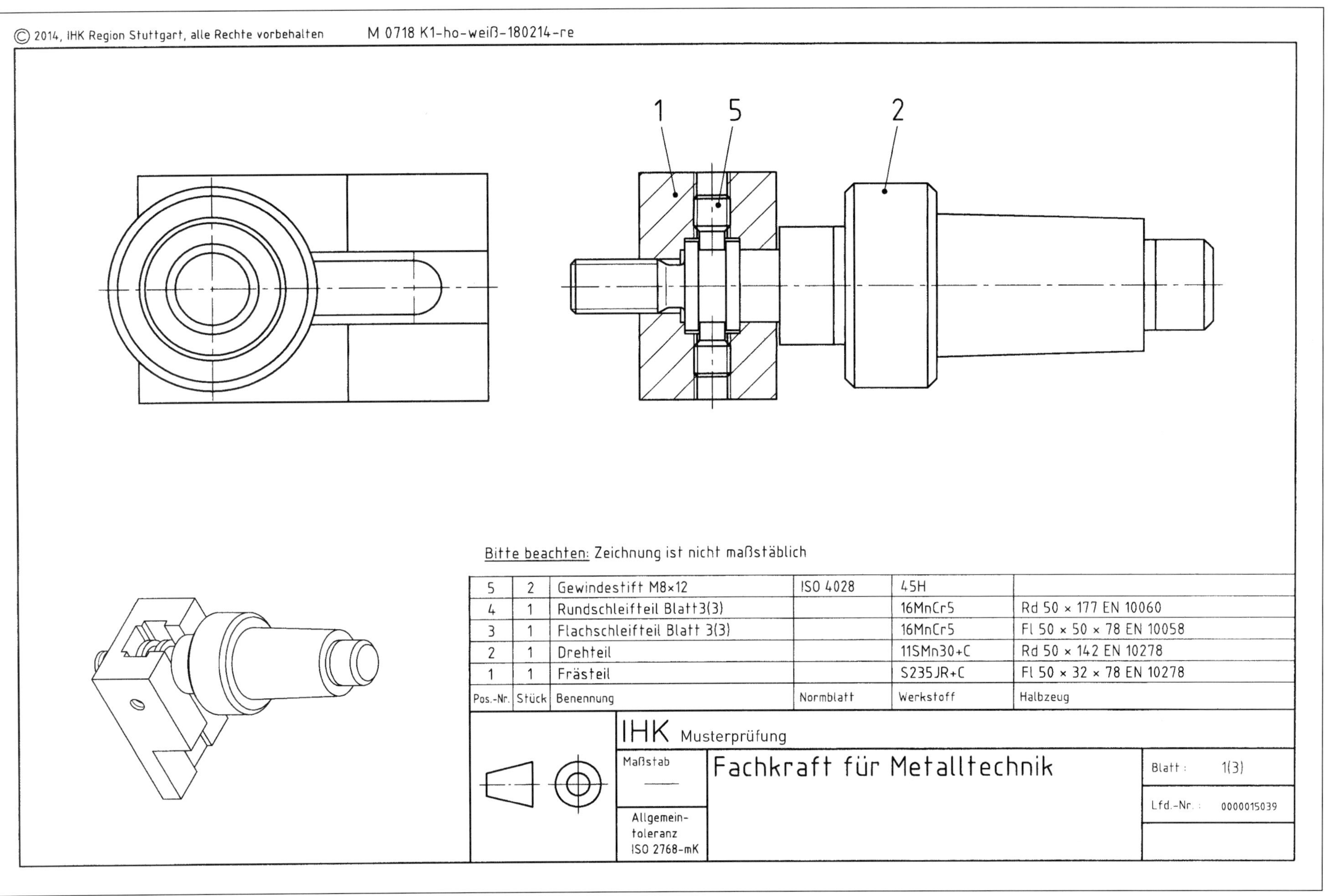
© 2014, IHK Region Stuttgart, alle Rechte vorbehalten
M 0718 K1-ho-weiß-180214-re
1
5
2
Bitte beachten: Zeichnung ist nicht maßstäblich
5 2 Gewindestift M8×12 ISO 4028 45H
4 1 Rundschleifteil Blatt3(3) 16MnCr5 Rd 50 × 177 EN 10060
3 1 Flachschleifteil Blatt 3(3) 16MnCr5 Fl 50 × 50 × 78 EN 10058
2 1 Drehteil 11SMn30+C Rd 50 × 142 EN 10278
1 1 Frästeil S235JR+C Fl 50 × 32 × 78 EN 10278
Pos.-Nr. Stück Benennung Normblatt Werkstoff Halbzeug
IHK Musterprüfung
Maßstab —
Allgemeintoleranz ISO 2768-mK
Fachkraft für Metalltechnik
Blatt: 1(3)
Lfd.-Nr.: 0000015039

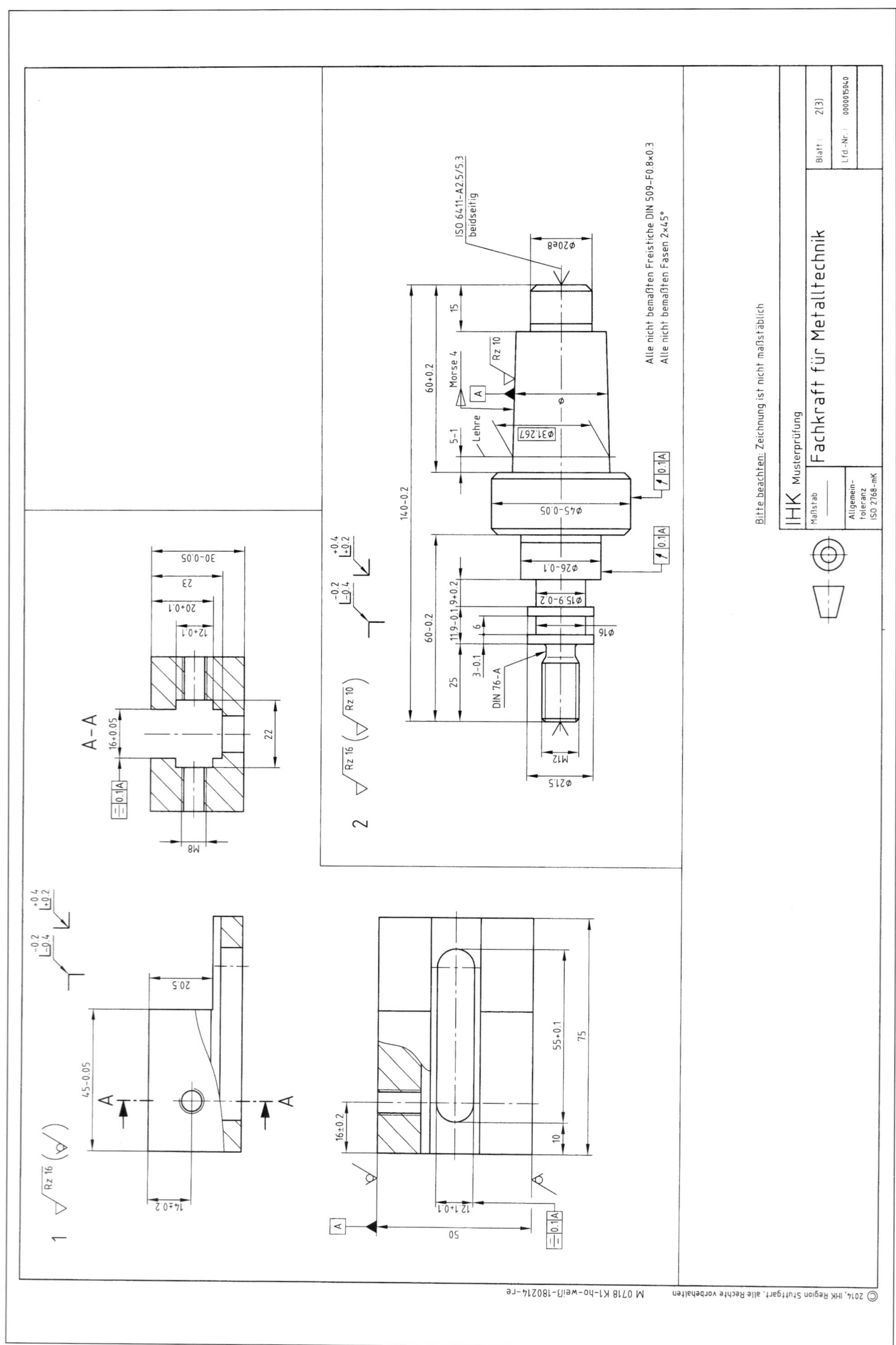
IHK Musterprüfung
Fachkraft für Metalltechnik
Blatt: 2(3)
Lfd.-Nr.: 000001504O
Maßstab
Allgemein-toleranz ISO 2768-mK
Bitte beachten: Zeichnung ist nicht maßstäblich
Alle nicht bemaßten Freistiche DIN 509-F0.8×0.3
Alle nicht bemaßten Fasen 2×45°
ISO 6411-A2.5/5.3 beidseitig
Morse 4
Lehre
DIN 76-A
A-A
© 2014, IHK Region Stuttgart, alle Rechte vorbehalten
M 0718 K1-ho-weiß-180214-re

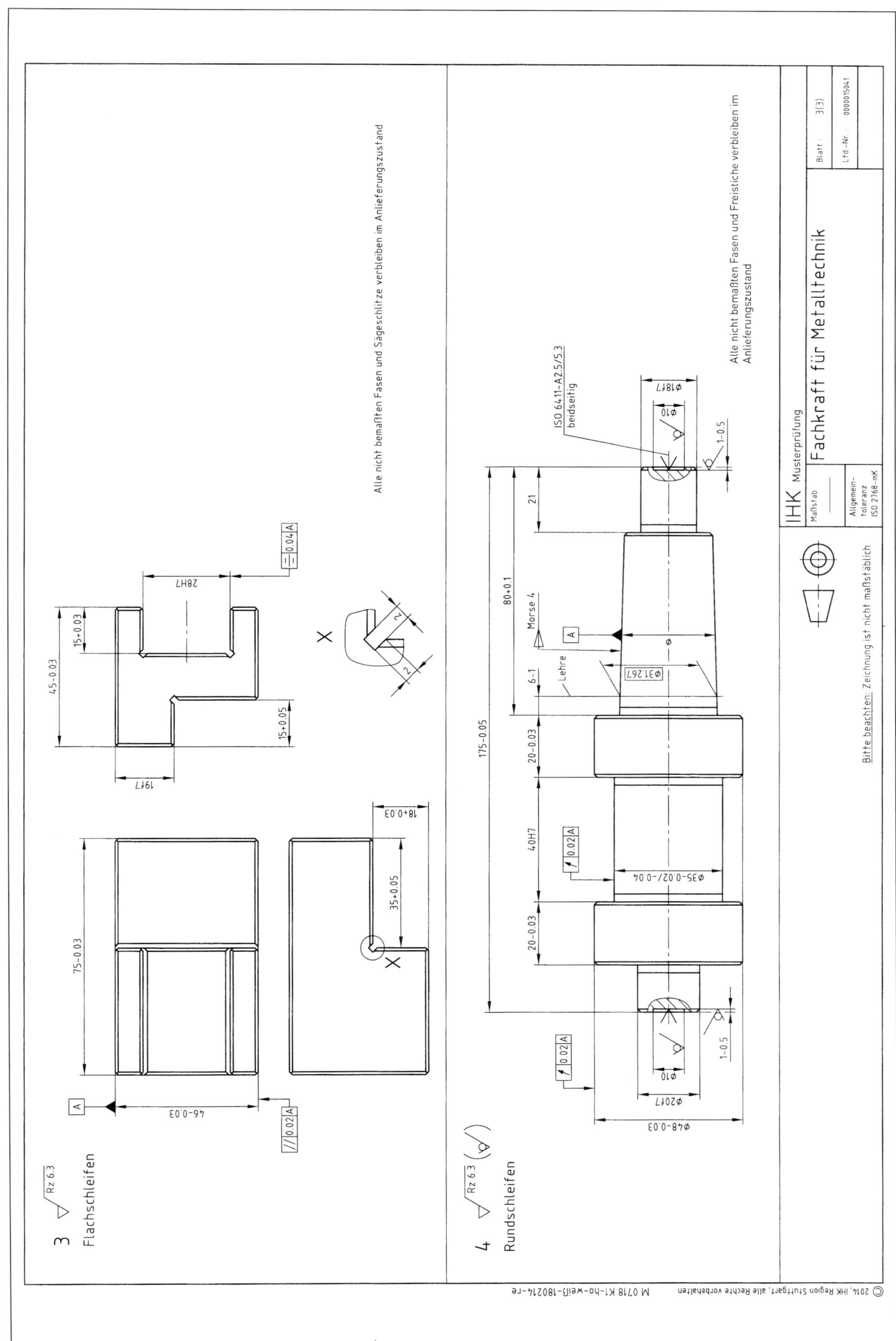
3
Flachschleifen
Rz 6.3
Alle nicht bemaßten Fasen und Sägeschlitze verbleiben im Anlieferungszustand
75-0.03
46-0.03
45-0.03
15+0.03
15+0.05
28H7
19f7
35+0.05
18+0.03
0.04 A
0.02 A
A
X
2
4
Rundschleifen
Rz 6.3
Alle nicht bemaßten Fasen und Freistiche verbleiben im Anlieferungszustand
ISO 6411-A2.5/5.3
beidseitig
Morse 4
Lehre
ø31.267
ø35-0.02/-0.04
ø48-0.03
ø20f7
ø18f7
ø10
175-0.05
80+0.1
21
6-1
20-0.03
40H7
1-0.5
0.02 A
A
IHK Musterprüfung
Maßstab
Fachkraft für Metalltechnik
Blatt: 3(3)
Lfd.-Nr.: 0000015041
Allgemeintoleranz ISO 2768-mK
Bitte beachten: Zeichnung ist nicht maßstäblich
M 0718 K1-ho-weiß-180214-re
© 2014, IHK Region Stuttgart, alle Rechte vorbehalten

17 Industrie- und Handelskammer

Abschlussprüfung

Fachkraft für Metalltechnik
Zerspanungstechnik

Berufs-Nr. 0718

Fertigungstechnik

Musterprüfung

M 0718 K1/K2

IHK PAL - Prüfungsaufgaben- und Lehrmittelentwicklungsstelle
IHK Region Stuttgart

Vorgabezeit: Insgesamt 90 min

Hilfsmittel: Tabellenbuch, Formelsammlung und nicht programmierter, netzunabhängiger Taschenrechner ohne Kommunikationsmöglichkeit mit Dritten

Sehr geehrter Prüfling,

bevor Sie mit der Bearbeitung der Aufgaben beginnen, lesen Sie bitte **sorgfältig** die folgenden Hinweise.

1 Allgemeines

Der Aufgabensatz für den Prüfungsbereich **Fertigungstechnik** besteht aus:

- 25 gebundenen Aufgaben (also mit vorgegebenen Auswahlantworten)
- 6 ungebundenen Aufgaben (die Sie mit Ihren eigenen Worten in möglichst kurzen Sätzen beantworten müssen)
- Anlage(n): 1 Blatt im Format A4, 2 Blatt im Format A3
- Markierungsbogen (grau-weiß)

Für die Ermittlung Ihrer Prüfungsleistungen werden der grau-weiße Markierungsbogen, die Aufgabenblätter mit den ungebundenen Aufgaben (hinten im Heft) und gegebenenfalls die Anlage(n) zugrunde gelegt.

Am Ende der Vorgabezeit von 90 min müssen Sie den Aufgabensatz der Prüfungsaufsicht übergeben.

Bei zeichnerischen Darstellungen gilt die Projektionsmethode 1 ( ).

2 Hinweise

Tragen Sie bitte vor Beginn der Bearbeitung der Aufgaben in den Kopf des **grau-weißen Markierungsbogens,** in die Köpfe der **Aufgabenblätter** mit den ungebundenen Aufgaben (hinten im Heft) und gegebenenfalls auf der/den **Anlage(n)** die dort geforderten Angaben ein:

- Prüfungsart und Prüfungstermin
- Die Nummer Ihrer Industrie- und Handelskammer, falls bekannt
- Die Ihnen mit der Einladung zur Prüfung mitgeteilte Prüflingsnummer
- Die auf der Titelseite dieses Aufgabenhefts aufgedruckte Berufsnummer
- Ihren Vor- und Familiennamen und den Ausbildungsbetrieb
- Ihren Ausbildungsberuf
- Prüfungsfach/-bereich „Fertigungstechnik“
- Projekt-Nr. „01“

Sind diese Angaben bereits eingedruckt, prüfen Sie diese auf Richtigkeit.

Prüfen Sie danach, ob dieses Heft 25 gebundene und 6 ungebundene Aufgaben und 3 Anlage(n) enthält. Informieren Sie bei Unstimmigkeiten **sofort** die Prüfungsaufsicht. **Reklamationen nach dem Schluss der Prüfung werden nicht anerkannt.**

Die **ungebundenen** Aufgaben (hinten im Heft) sind mit den Nummern U1 bis U6 bezeichnet.
Bei mathematischen Aufgaben ist der vollständige Rechengang (Formel, Ansatz, Ergebnis, Einheit) in dem dafür vorgesehenen Feld auszuführen.

Bei den **gebundenen** Aufgaben in diesem Heft ist jeweils nur **eine** der 5 Auswahlantworten **richtig**. Sie dürfen deshalb nur **eine** ankreuzen. Kreuzen Sie mehr als eine oder keine Auswahlantwort an, gilt die Aufgabe als **nicht gelöst.**

Lesen Sie die Aufgabenstellung und die Auswahlantworten sorgfältig durch. Kreuzen Sie erst dann im Markierungsbogen die Ihrer Meinung nach richtige Auswahlantwort an (siehe Abb. 1, Aufgabe 1). Verwenden Sie hierfür unbedingt einen Kugelschreiber, damit Ihre Kreuze auch auf dem Durchschlag eindeutig erkennbar sind.

Sollten Sie ein Kreuz in ein falsches Feld gesetzt haben, machen Sie dieses unkenntlich und setzen Sie ein neues Kreuz an die richtige Stelle (siehe Abb. 1, Aufgabe 2).

Sollten Sie ein bereits unkenntlich gemachtes Feld verwenden wollen, setzen Sie Ihr Kreuz rechts neben das Feld in die weiße Spalte (siehe Abb. 1, Aufgabe 3).

Von den 25 Aufgaben müssen Sie nur 21 bearbeiten. Entscheiden Sie, welche 4 Aufgaben Sie nicht lösen wollen, und streichen Sie diese im Markierungsbogen durch (siehe Abb. 1, Aufgabe 11).
Wenn Sie keine Aufgaben durchstreichen, werden die letzten 4 abwählbaren Aufgaben nicht gewertet. Nicht bearbeitete Aufgaben gelten als nicht gelöst.

Sollten Sie eine bereits abgewählte Aufgabe doch lösen wollen, setzen Sie Ihr Kreuz rechts neben das Feld in die weiße Spalte (siehe Abb. 1, Aufgabe 12).

Möchten Sie eine Aufgabe abwählen, die Sie bereits angekreuzt haben, streichen Sie diese durch (siehe Abb. 1, Aufgabe 13).

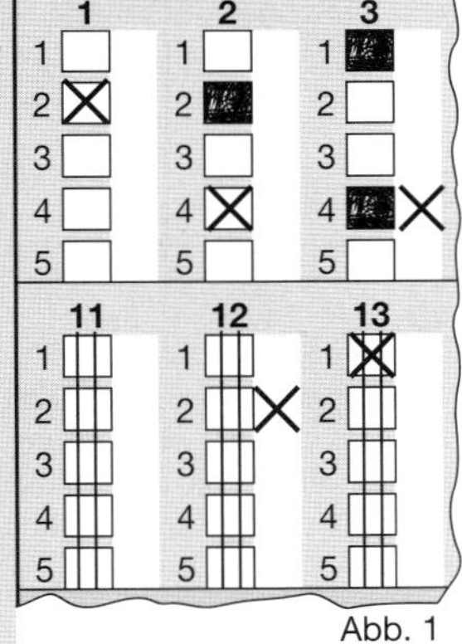

Abb. 1

6 der 25 Aufgaben dürfen Sie nicht abwählen. Diese Aufgaben sind wie im nebenstehenden Beispiel kenntlich gemacht.

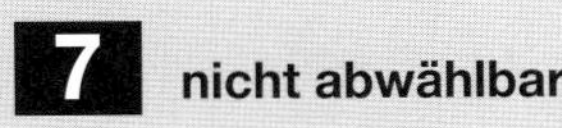

Ihre Industrie- und Handelskammer wünscht Ihnen viel Erfolg!

M 0718 K1/K2

Muster eines Markierungsbogens

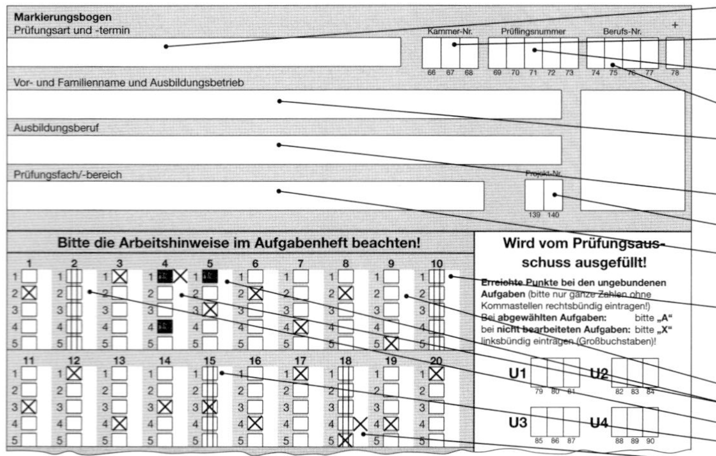

Markierungsbogen
Prüfungsart und -termin
Kammer-Nr.
Prüflingsnummer
Berufs-Nr.
Vor- und Familienname und Ausbildungsbetrieb
Ausbildungsberuf
Prüfungsfach/-bereich
Projekt-Nr.
Bitte die Arbeitshinweise im Aufgabenheft beachten!
Wird vom Prüfungsausschuss ausgefüllt!
Erreichte Punkte bei den ungebundenen Aufgaben (bitte nur ganze Zahlen ohne Kommastellen rechtsbündig eintragen!)
Bei abgewählten Aufgaben: bitte „A“
bei nicht bearbeiteten Aufgaben: bitte „X“
linksbündig eintragen (Großbuchstaben)!
U1 U2
U3 U4

Tragen Sie bitte ein:

Prüfungsart und -termin
Die Nummer Ihrer IHK, falls bekannt
Ihre Prüflingsnummer
Ihre Berufsnummer
Ihren Vor- und Familiennamen sowie Ihren Ausbildungsbetrieb
Ihren Ausbildungsberuf
Hier „01“
Hier „Fertigungstechnik“

Streichen Sie von den abgewählten Aufgaben die Markierungsfelder durch

Bearbeitungsbeispiele für korrekte Einträge:
- bearbeitete Aufgabe
- bearbeitete Aufgabe mit geänderter Lösung
- abgewählte Aufgabe
- bearbeitete Aufgabe, die abgewählt wird
- abgewählte Aufgabe, die doch gelöst wird

1

Der Werkstoff beider Schleifteile (Pos.-Nrn. 3 und 4, Blatt 3(3)) wird mit 16MnCr5 bezeichnet. Um welchen Werkstoff handelt es sich?

1. Legierter Einsatzstahl
2. Unlegierter Baustahl
3. Legierter Vergütungsstahl
4. Automatenstahl
5. Schnellarbeitsstahl

2

Wie viel Prozent Kohlenstoff hat der verwendete Werkstoff 16MnCr5 am Rundschleifteil (Pos.-Nr. 4, Blatt 3(3))?

1. 0,5 %
2. 0,16 %
3. 16 %
4. 2 %
5. 0,05 %

3

Das Drehteil (Pos.-Nr. 2, Blatt 2(3)) muss in zwei Aufspannungen gefertigt werden. Mit welchem Spannmittel gewährleisten Sie die Einhaltung der geforderten Lagetoleranz von 0,1 am zweckmäßigsten?

1. Vierbackenfutter
2. Spreizdorn
3. Planscheibe
4. Dreibackenfutter mit weichen Backen
5. Feste Zentrierspitze

4

Für die Fertigung der Gewinde M8 am Frästeil (Pos.-Nr. 1, Blatt 2(3)) müssen Sie die Werkzeuge bereitstellen. Welchen Bohrer wählen Sie für die Kernlochbohrung aus?

1. d = 5,9 mm
2. d = 6,0 mm
3. d = 6,5 mm
4. d = 6,8 mm
5. d = 7,0 mm

M 0718 K1 -ho-weiß-170414 3

5

Welche der angeführten Aussagen über den Werkstücknullpunkt ist richtig?

1. Der Werkstücknullpunkt kann nicht verschoben werden.
2. Bei Absolutbemaßung beziehen sich alle Maßangaben auf den Werkstücknullpunkt.
3. Jedes Programm startet stets vom Werkstücknullpunkt aus.
4. Bei Inkrementalbemaßung beziehen sich alle Maßangaben auf den Werkstücknullpunkt.
5. Maschinennullpunkt und Werkstücknullpunkt fallen immer zusammen.

6

Ein eingängiges Außengewinde hat 6 Gewindegänge auf einer Länge von $L = 24$ mm. Wie groß ist die Gewindesteigung P (in mm)?

1. $P = 12$ mm
2. $P = 6$ mm
3. $P = 4$ mm
4. $P = 3$ mm
5. $P = 2{,}4$ mm

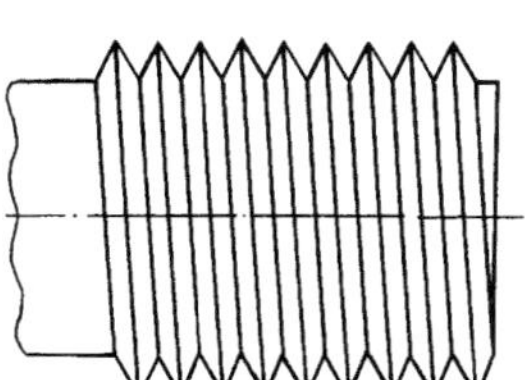

7 nicht abwählbar!

Wie groß ist bei dem skizzierten Zahnradtrieb die Umdrehungsfrequenz n_2 (in min^{-1}) des getriebenen Zahnrads?

1. $n_2 = 400\ min^{-1}$
2. $n_2 = 467\ min^{-1}$
3. $n_2 = 1100\ min^{-1}$
4. $n_2 = 3600\ min^{-1}$
5. $n_2 = 5200\ min^{-1}$

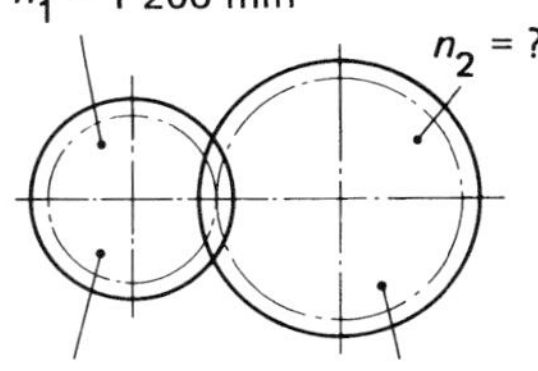

Nebenrechnung Aufgabe 7:

8

In welcher Zeile der Tabelle hat die Schraube eine geringere Festigkeit als die Mutter?

	Schraube	Mutter
1	10.9	10
2	6.8	6
3	6.6	6
4	5.8	5
5	4.6	5

9

Ein Maschinenschraubstock muss nach dem Aufspannen auf dem Fräsmaschinentisch ausgerichtet werden. Welches der genannten Prüfmittel muss eingesetzt werden?

1. Messschieber
2. Messschraube
3. Fühlerlehre
4. Messuhr
5. Endmaße

10

Welches Drehverfahren ist am Drehteil (Pos.-Nr. 2, Blatt 2(3)) zur Herstellung der 6 mm breiten Ringnut auszuwählen?

(1) Längs-Plandrehen

(2) Quer-Plandrehen

(3) Quer-Runddrehen

(4) Quer-Einstechdrehen

(5) Längs-Profileinstechdrehen

11

Welches der Symbole ist bei CNC-Werkzeugmaschinen für den Referenzpunkt festgelegt?

(1) 

(2)

(3) 

(4) 

(5)

12 nicht abwählbar!

Eine Schleifscheibe hat die Umdrehungsfrequenz von $n = 1\,440\ \text{min}^{-1}$. Die Schnittgeschwindigkeit soll $v_c = 25{,}0$ m/s betragen. Wie groß ist der Schleifscheibendurchmesser D (in mm)?

(1) D = 250 mm

(2) D = 286 mm

(3) D = 305 mm

(4) D = 332 mm

(5) D = 350 mm

Nebenrechnung Aufgabe 12:

13

Die Kernlochbohrung für das Gewinde M8 am Frästeil (Pos.-Nr. 1, Blatt 2(3)) ist größer geworden. Was kann die Ursache dafür sein, dass diese Bohrung größer wird als der Nenndurchmesser des Spiralbohrers?

(1) Der Spitzenwinkel ist zu groß.

(2) Der Spanwinkel ist zu groß.

(3) Der Spitzenwinkel ist zu klein.

(4) Die Querschneide liegt außerhalb der Mitte.

(5) Der Freiwinkel ist zu groß.

Weiter nächste Seite!

14

Der Rundlauf am Rundschleifteil (Pos.-Nr. 4, Blatt 3(3)) wird mit einer Messuhr geprüft. Welche Behauptung über die mit 5 gekennzeichneten Markierungen ist richtig?

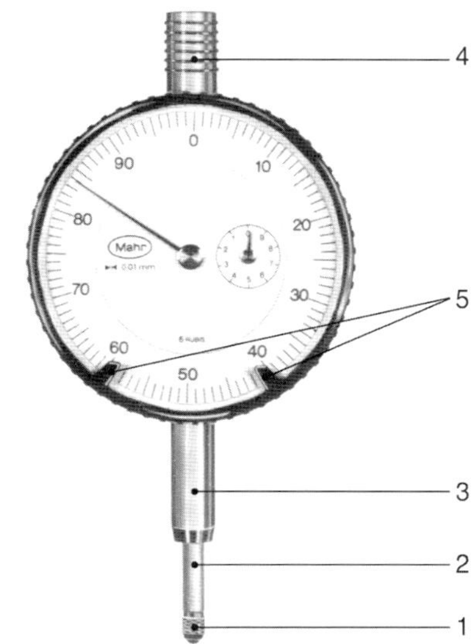

1. Sie werden an dem mit 4 gekennzeichneten Teil eingestellt.
2. Sie verhindern, dass der große Zeiger mehr als eine Umdrehung ausführt.
3. Sie dienen der Kennzeichnung des Toleranzbereichs des zu prüfenden Maßes.
4. Sie dienen der Kennzeichnung des zulässigen Messkraftunterschieds.
5. Sie werden vom Zeiger mitgenommen und ermöglichen die Ablesung des gemessenen Höchst- und Mindestmaßes.

15

Die geforderte Lagetoleranz von 0,1 am Drehteil (Pos.-Nr. 2, Blatt 2(3)) muss geprüft werden. Welches der aufgeführten Prüfmittel ist dazu am besten geeignet?

1. Messschieber
2. Bügelmessschraube
3. Messuhr
4. Feinzeiger
5. Fühlerlehre

16

Sie überprüfen Ihr fertig gestelltes Drehteil (Pos.-Nr. 2, Blatt 2(3)). Welcher dieser Prüfvorgänge gehört zum Lehren?

1. Überprüfen der Länge des Werkstücks
2. Soll-Ist-Vergleich der Durchmesser
3. Tragbild des Kegels
4. Länge des Abstands zum Lehrenmaß
5. Maßhaltigkeit des Gewindefreistichs

17 nicht abwählbar!

Beim Lesen der Zeichnung für das Rundschleifteil (Pos.-Nr. 4, Blatt 3(3)) finden Sie das dargestellte Sinnbild. Welche Bedeutung hat dieses Sinnbild?

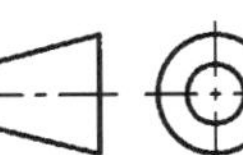

1. Bei der Darstellung des Werkstücks wurde die Projektionsmethode 1 angewendet.
2. Bei der Darstellung des Werkstücks wurde die Projektionsmethode 3 angewendet.
3. Das Werkstück wurde in der Fertigungslage dargestellt.
4. Das Werkstück wurde in der Einbaulage dargestellt.
5. Das Werkstück wurde in der Vorderansicht und in der Seitenansicht dargestellt.

6 M 0718 K1 -ho-weiß-170414

18

Das Längsrunddrehen einer Welle mit einem Durchmesser von d = 35 mm soll mit einer Schnittgeschwindigkeit von v_c = 40 m/min erfolgen. Welche Umdrehungsfrequenz n (in min^{-1}) ergibt sich aus dem Schaubild?

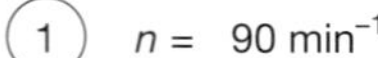

1. n = 90 min^{-1}
2. n = 250 min^{-1}
3. n = 355 min^{-1}
4. n = 400 min^{-1}
5. n = 710 min^{-1}

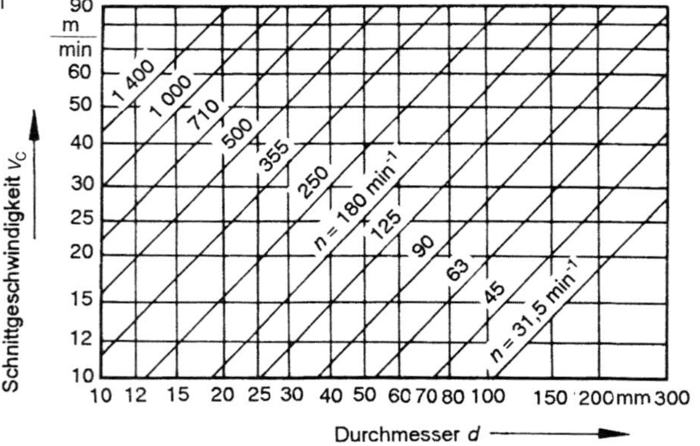

19

Im Hydraulikschaltplan Ihrer Fräsmaschine sind verschiedene Zylinder dargestellt. Welche Zylinderart wird für das Lösen der Werkzeugspannung verwendet?

1. Teleskopzylinder
2. Einfachwirkender Zylinder mit Federrückstellung
3. Doppeltwirkender Zylinder
4. Zylinder mit beidseitiger Kolbenstange
5. Bandzylinder

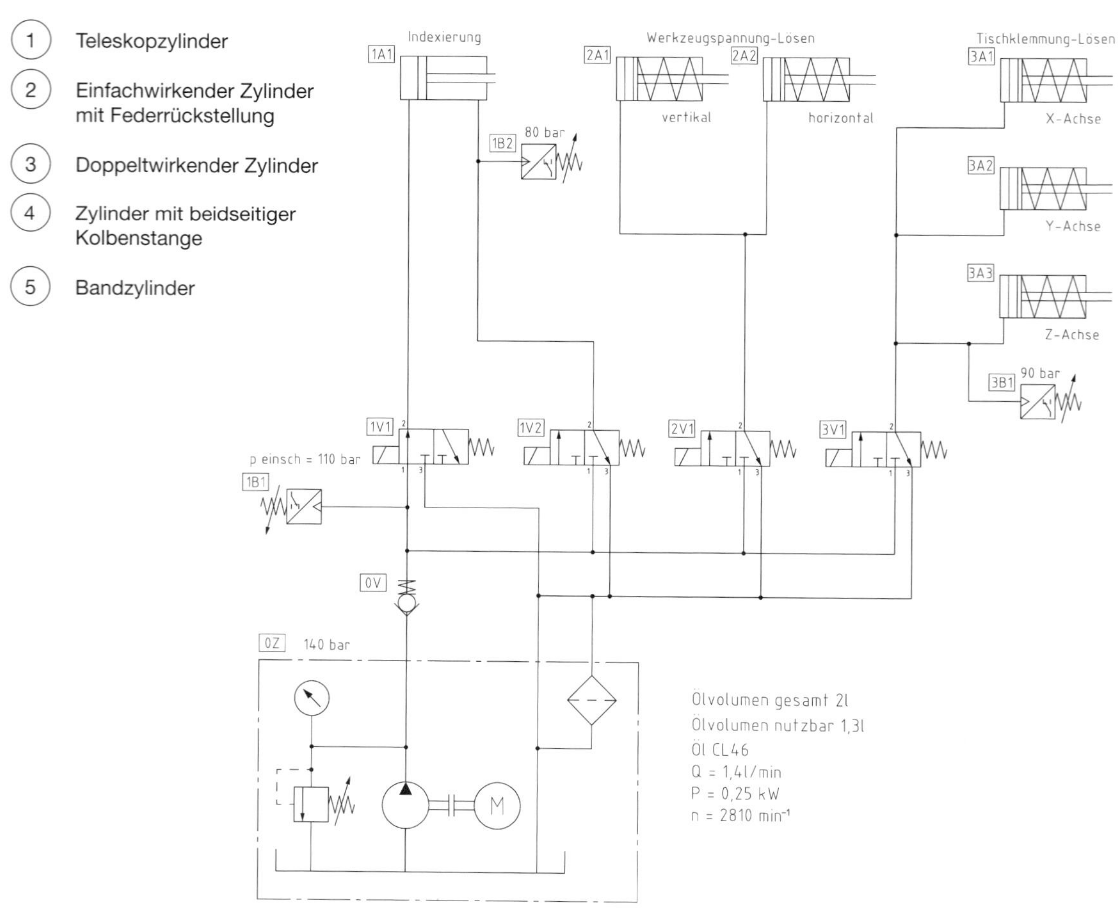

20 nicht abwählbar!

Wie groß ist die Spannkraft F (in kN) für einen hydraulisch betriebenen Schraubstock, wenn der maximale Druck mit p = 45 bar und einer wirksamen Kolbenfläche von A = 88 cm^2 angenommen wird?

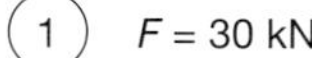

1. F = 30 kN
2. F = 35 kN
3. F = 40 kN
4. F = 45 kN
5. F = 50 kN

Nebenrechnung Aufgabe 20:

21

Beim Drehen sind die Winkel am Schneidkeil wichtige Einflussgrößen. Welcher der genannten Winkel ist im Bild mit 3 gekennzeichnet?

1. Neigungswinkel
2. Freiwinkel
3. Einstellwinkel
4. Spanwinkel
5. Eckenwinkel

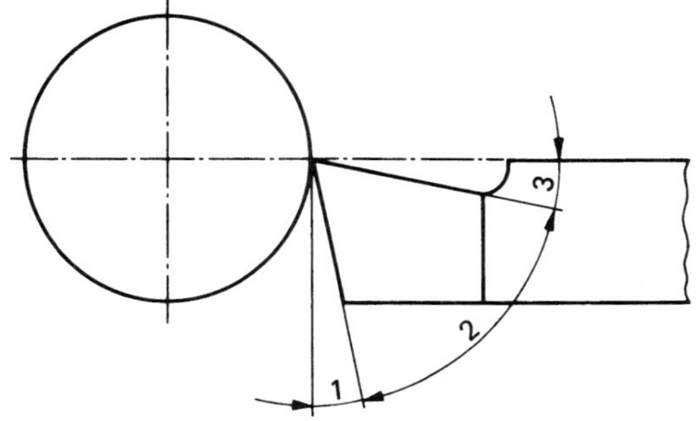

22 nicht abwählbar!

Bei der Zeichnung Blatt 1(3) handelt es sich um

1. eine Skizze.
2. eine Teilzeichnung.
3. eine Gesamtzeichnung.
4. einen Anordnungsplan.
5. eine Sammelzeichnung.

23

Welche Aussage zum Gewindestift M8 × 12 (Pos.-Nr. 5, Blatt 1(3)) ist richtig?

1. Gewindestift mit Schlitz und Spitze
2. Gewindestift mit Innensechskant mit Spitze
3. Gewindestift mit Innensechskant mit Zapfen
4. Gewindestift mit Innensechskant mit Kegelkuppe
5. Gewindestift mit Schlitz mit Zapfen

24 nicht abwählbar!

In welchem Bild sind die Durchmesser normgerecht bemaßt?

1

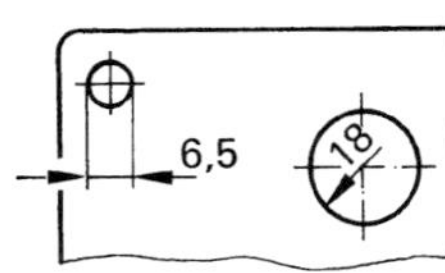

2

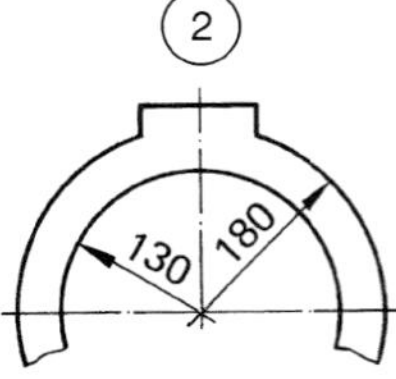

3

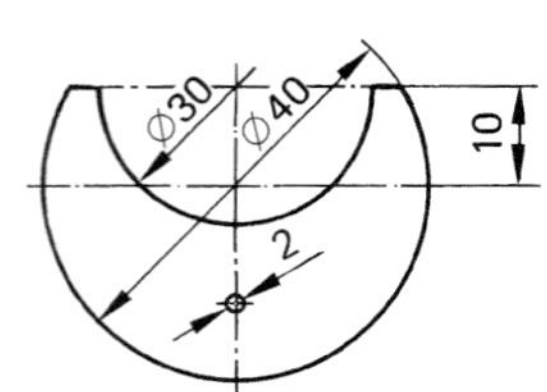

4

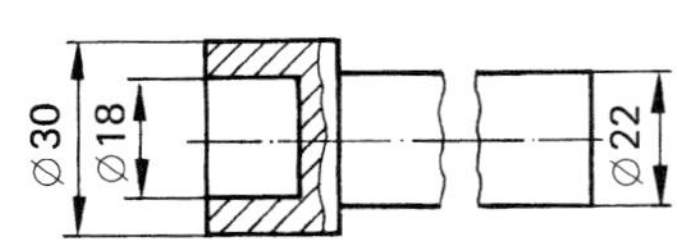

5

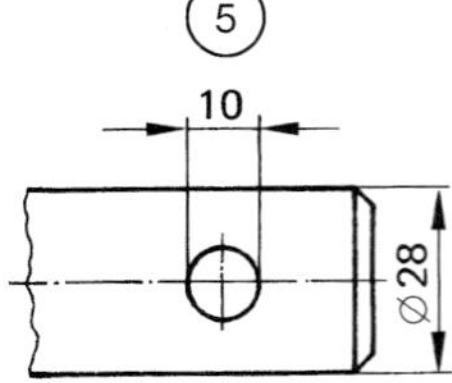

25

Um einen Maschinenausfall möglichst zu vermeiden, müssen Instandhaltungsmaßnahmen durchgeführt werden. Welche Antwort enthält nur Begriffe der Instandhaltung?

1. Wartung, Inspektion
2. Wartung, Umrüstung
3. Instandsetzung, Bedienung
4. Inspektion, Umrüstung
5. Instandsetzung, Produktionskontrolle

Haben Sie in den Markierungsbogen:

Ihre Prüflingsnummer eingetragen?

Ihre Berufsnummer eingetragen? (siehe Titelseite dieses Aufgabenhefts)

Diese Felder ausgefüllt bzw. eingedruckte Angaben auf Richtigkeit geprüft?

Die Lösungen der Aufgaben eindeutig eingetragen?

4 Aufgaben abgewählt?

Bei fehlenden oder uneindeutigen Angaben kann der Markierungsbogen nicht ausgewertet werden. Spätere Reklamationen können nicht berücksichtigt werden!

Weiter auf Seite 11!

IHK Musterprüfung	Vor- und Familienname:	
	Prüflingsnummer:	Datum:
Fertigungstechnik Ungebundene Aufgaben U1 – U6	**Fachkraft für Metalltechnik** Zerspanungstechnik	

Tragen Sie in den Kopf dieses Aufgabenblatts bitte Ihren Vor- und Familiennamen, Ihre Prüflingsnummer und das heutige Datum ein. Bearbeiten Sie dann die Aufgaben. Beantworten Sie diese bitte nur mit kurzen Sätzen, wo immer möglich. Bei Aufgaben zu mathematischen Sachverhalten geben Sie bitte den vollständigen Rechengang an.
Übergeben Sie nach Ablauf der Vorgabezeit bitte sämtliche bearbeiteten Unterlagen der Prüfungsaufsicht.

Bei der Bearbeitung der Aufgaben wurde folgendes Tabellenbuch verwendet:

____

U1

Am Drehteil (Pos.-Nr. 2, Blatt 2(3)) soll der Durchmesser d = 45–0,05 mm mit einer Schnittgeschwindigkeit v_c = 50 m/min gefertigt werden.
Berechnen Sie die einzustellende Umdrehungsfrequenz n (in min^{-1}).

Aufgabenlösung:

Bewertung (10 bis 0 Punkte)

Ergebnis U1

Punkte

M 0718 K2 -ho-weiß-040314

11

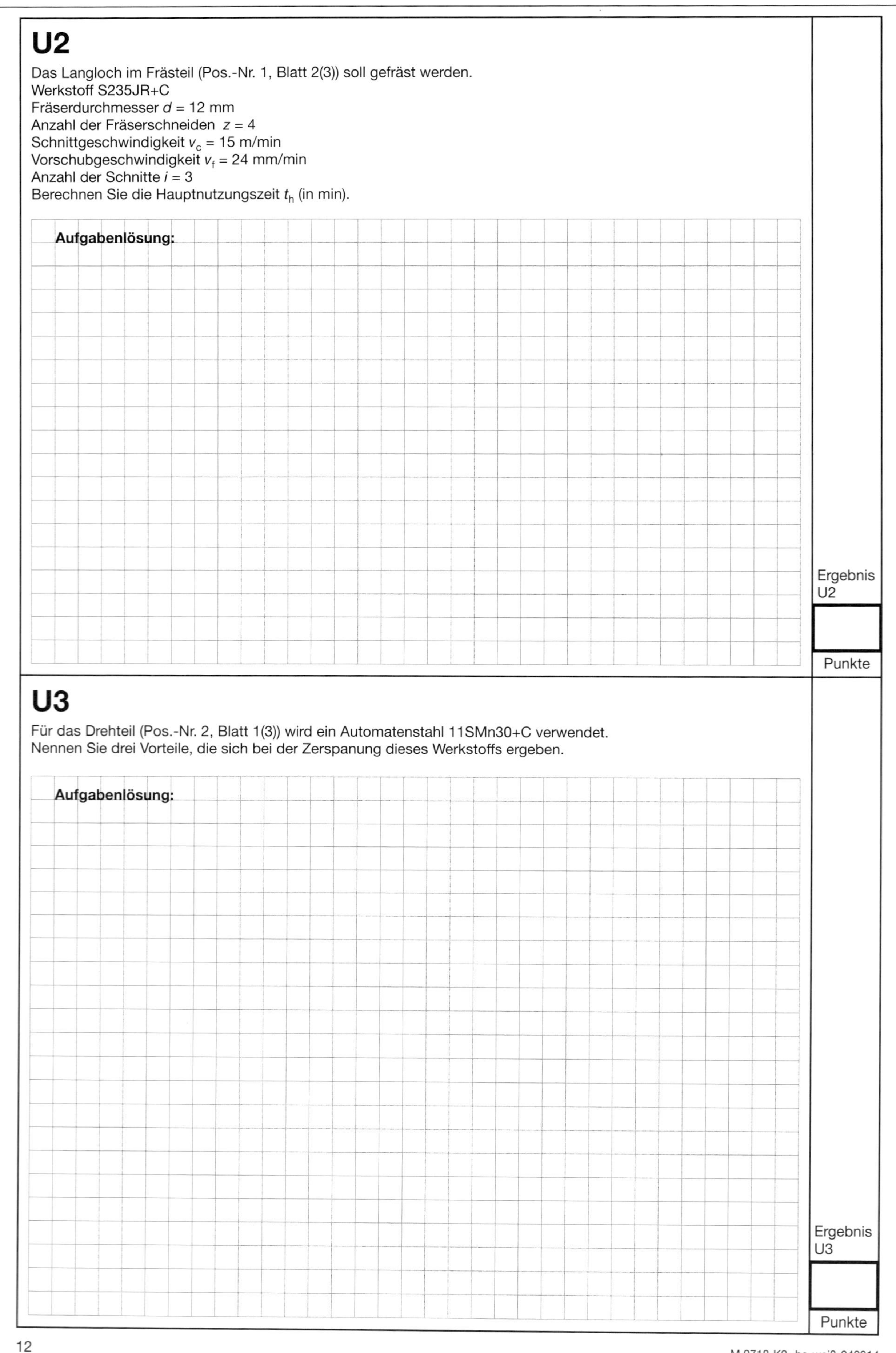

U2

Das Langloch im Frästeil (Pos.-Nr. 1, Blatt 2(3)) soll gefräst werden.
Werkstoff S235JR+C
Fräserdurchmesser d = 12 mm
Anzahl der Fräserschneiden z = 4
Schnittgeschwindigkeit v_c = 15 m/min
Vorschubgeschwindigkeit v_f = 24 mm/min
Anzahl der Schnitte i = 3
Berechnen Sie die Hauptnutzungszeit t_h (in min).

Aufgabenlösung:

Ergebnis U2

Punkte

U3

Für das Drehteil (Pos.-Nr. 2, Blatt 1(3)) wird ein Automatenstahl 11SMn30+C verwendet.
Nennen Sie drei Vorteile, die sich bei der Zerspanung dieses Werkstoffs ergeben.

Aufgabenlösung:

Ergebnis U3

Punkte

12

M 0718 K2 -ho-weiß-040314

IHK Musterprüfung	Vor- und Familienname:	
	Prüflingsnummer:	Datum:
Fertigungstechnik **Ungebundene Aufgaben U1 – U6**	**Fachkraft für Metalltechnik** Zerspanungstechnik	

Tragen Sie in den Kopf dieses Aufgabenblatts bitte Ihren Vor- und Familiennamen, Ihre Prüflingsnummer und das heutige Datum ein. Bearbeiten Sie dann die Aufgaben. Beantworten Sie diese bitte nur mit kurzen Sätzen, wo immer möglich. Bei Aufgaben zu mathematischen Sachverhalten geben Sie bitte den vollständigen Rechengang an.
Übergeben Sie nach Ablauf der Vorgabezeit bitte sämtliche bearbeiteten Unterlagen der Prüfungsaufsicht.

U4

Bewertung (10 bis 0 Punkte)

Beim Herstellen des Frästeils (Pos.-Nr. 1, Blatt 2(3)) auf einer CNC-Fräsmaschine stellen Sie fest, dass die Nutbreite 16+0,05 mm nicht dem geforderten Maß entspricht.
Nennen Sie drei mögliche Ursachen für den aufgetretenen Maßfehler.

Aufgabenlösung:

Ergebnis U4

Punkte

U5

Am Frästeil (Pos.-Nr. 1, Blatt 2(3)) finden Sie folgende Angabe: | ⌯ | 0.1 | A |
Erklären Sie diese Zeichnungsangabe.

Aufgabenlösung:

Ergebnis U5

Punkte

M 0718 K2 -ho-weiß-040314

U6

Die Instandhaltung einer Werkzeugmaschine wird in
- Wartung
- Inspektion
- Instandhaltung

gegliedert.
Geben Sie je ein Beispiel zu den drei Bereichen an.

Aufgabenlösung:

Wartung:

Inspektion:

Instandhaltung:

Ergebnis U6

Punkte

Wird vom Prüfungsausschuss ausgefüllt.

Erreichte Punkte bei den ungebundenen Aufgaben

max. 60 Punkte

Die Ergebnisse **U1** bis **U6** bitte in die dafür vorgesehenen Felder des **grau-weißen** Markierungsbogens eintragen!

Datum

Prüfungsausschuss

INDUSTRIE- UND HANDELSKAMMER

Lösungsschablone-Nr.: M 0718 L1

Abschlussprüfung: Musterprüfung

Ausbildungsberuf: Fachkraft für Metalltechnik Zerspanungstechnik

Fertigungstechnik

1	2	3	4	5	6	**7**	8	9	10
(·)	·	·	·	·	·	(·)	·	·	·
·	(·)	·	·	(·)	·	·	·	·	·
·	·	·	·	·	(·)	·	·	·	·
·	·	(·)	(·)	·	·	·	·	(·)	(·)
·	·	·	·	·	·	·	(·)	·	·

11	**12**	13	14	15	16	**17**	18	19	**20**
(·)	·	·	·	·	·	(·)	·	·	·
·	·	·	·	·	·	·	·	(·)	·
·	·	·	(·)	(·)	(·)	·	(·)	·	(·)
·	(·)	(·)	·	·	·	·	·	·	·
·	·	·	·	·	·	·	·	·	·

21	**22**	23	**24**	25
·	·	·	·	(·)
·	·	·	·	·
·	(·)	(·)	·	·
(·)	·	·	(·)	·
·	·	·	·	·

Fertigungstechnik

Der Aufgabensatz enthält:

- 25 gebundene Aufgaben, 4 Abwahl, 6 nicht abwählbar, à 1 Punkt = 21 Punkte
- 6 ungebundene Aufgaben, 0 Abwahl, à 10 Punkte = 60 Punkte

Die Einzelergebnisse der ungebundenen Aufgaben sind in den grau-weißen Markierungsbogen in die Felder U1 bis U6 zu übertragen.

Zur manuellen Ermittlung des Ergebnisses **Fertigungstechnik** ist in den Markierungsbogen einzutragen:

Divisor A: 0,315
Divisor B: 1,8

Dies ergibt die Gewichtung

gebundene Aufgaben: 66,67 %

ungebundene Aufgaben: 33,33 %

Hinweis:

- Vom Prüfling sind **21 von 25 Aufgaben zu bearbeiten**
- Sollten vom Prüfling **keine Aufgaben abgewählt** worden sein, sind die **letzten 4 abwählbaren Aufgaben** zu **streichen**
- Folgende **6 Aufgaben** sind **nicht abwählbar:**

- Werden vorgenannte Aufgaben vom Prüfling **abgewählt**, sind diese als **nicht gelöst** zu werten

 M 0718 L1 -ho-170414 -1-(1)

Industrie- und Handelskammer

Abschlussprüfung

Fachkraft für Metalltechnik
Zerspanungstechnik

Berufs-Nr.
0 7 1 8

Schriftliche Prüfung

Lösungsvorschläge für den Prüfungsausschuss

Musterprüfung

M 0718 L

PAL - Prüfungsaufgaben- und Lehrmittelentwicklungsstelle
IHK Region Stuttgart

1 Lösungsschablonen/-vorschläge für den Prüfungsausschuss

1.1 Lösungsschablone Fertigungstechnik
1.2 Lösungsschablone Arbeitsplanung
1.3 Lösungsschablone Wirtschafts- und Sozialkunde
1.4 Heft Lösungsvorschläge mit — rot
- Fertigungstechnik
- Arbeitsplanung

(sind im vorliegenden Heft zusammengefasst)
1.5 Gegebenenfalls Blatt Lösungsvorschläge Wirtschafts- und Sozialkunde — rot

Lösungsvarianten sind möglich!
Sinngemäß richtige Lösungen sind voll zu bewerten.

M 0718 L

IHK

Musterprüfung

Fertigungstechnik **Lösungsvorschläge**	**Fachkraft für Metalltechnik** Zerspanungstechnik

U1

$v_c = d \cdot \pi \cdot n$

$n = \frac{v_c}{d \cdot \pi} = \frac{50\ \text{m}}{\text{min} \cdot 0{,}050\ \text{m} \cdot \pi}$

$\underline{\underline{n = 318\ \text{min}^{-1}}}$

U2

$t_h = \frac{L \cdot i}{v_f} = \frac{43\ \text{mm} \cdot 3 \cdot \text{min}}{24\ \text{mm}} = \underline{\underline{5{,}4\ \text{min}}}$

U3

- Gute Zerspanbarkeit
- Kurzbrüchigkeit der Späne
- Saubere Oberflächen
- Höhere Standzeiten
- Vermeidung von Band- und Wirrspänen

U4

- Werkzeug falsch vermessen
- Werkzeug-Verschleiß
- Falsch programmiert
- Schneidstoff
- Technologiedaten überprüfen
- Kein Kühlschmierstoff

U5

Das Langloch muss symmetrisch zur Mittelachse liegen. Die Abweichung darf höchstens 0,1 mm betragen.
Oder Tabellenbuch: Die Mittelebene des Langlochs muss zwischen zwei parallelen Ebenen vom Abstand t = 0,1 mm liegen, die symmetrisch zur Bezugsebene A angeordnet sind.

U6

Wartung:	Reinigen der Maschine, Schmierung von Führungen/Lagern, Ergänzen von Kühlschmiermittel, Auswechseln von Leuchtmitteln, Nachstellen von Anschlägen u. a.
Inspektion:	Undichtigkeit prüfen, alles was mit den Sinnesorganen zur Beurteilung des Ist-Zustands möglich ist, Bestimmung von Abnutzungsursachen, Veranlassen von Instandsetzungsmaßnahmen u. a.
Instandhaltung:	Austausch eines Verschleißteils, eine Reparatur

2.5 Schriftliche Aufgabenstellungen (Arbeitsplanung)

In der Abfolge der Prüfungsdurchführung ist es aufgrund des thematischen Zusammenhangs sinnvoll, die schriftlichen Aufgabenstellungen und das 7-stündige Prüfungsstück in einem engen zeitlichen Zusammenhang durchzuführen.

Durch die geforderte Handlungs- und Prozessorientierung ist die Mehrzahl der Aufgaben in Form der thematischen Klammer dargestellt.

Anhand der schriftlichen Aufgabenstellungen wird ermittelt, ob der Prüfling die notwendigen beruflichen Kenntnisse besitzt und ob er mit dem im Berufsschulunterricht vermittelten Lehrstoff vertraut ist. Es werden dabei auch Aufgaben zu den Themengebieten der Technischen Mathematik und der Technischen Kommunikation (z. B. Zeichnungslesen) gestellt.

Bei den vorgegebenen fünf Auswahlantworten der gebundenen Aufgaben ist jeweils nur eine richtig. Es darf deshalb nur ein Kreuz gemacht werden.

Für den Prüfungsbereich Arbeitsplanung ist in der Verordnung eine Höchstzeit von 60 Minuten angegeben.

Der Prüfungsbereich Arbeitsplanung beinhaltet

- 20 Aufgaben in gebundener Form mit 3 abwählbaren Aufgaben und
- 4 Aufgaben in ungebundener Form.

Bei den gebundenen und den ungebundenen Aufgaben werden auch Aufgaben aus der Mathematik und der Technischen Kommunikation (z. B. Zeichnungslesen) gestellt. Die Aufgaben zur Mathematik und Technischen Kommunikation sind in der Regel nicht abwählbar.

Die gebundenen Aufgaben werden in Form der thematischen Klammer dargestellt – einer Weiterentwicklung von gebundenen Aufgaben, durch die auch komplexe Situationen erfasst werden können.

Die ungebundenen Aufgaben sind dadurch gekennzeichnet, dass der Prüfling nach eigenem Ermessen Antworten auf die ihm gestellten Aufgaben frei formulieren muss.

Die schriftlichen Aufgabenstellungen im Bereich der Arbeitsplanung sind für alle Fachrichtungen unterschiedlich.

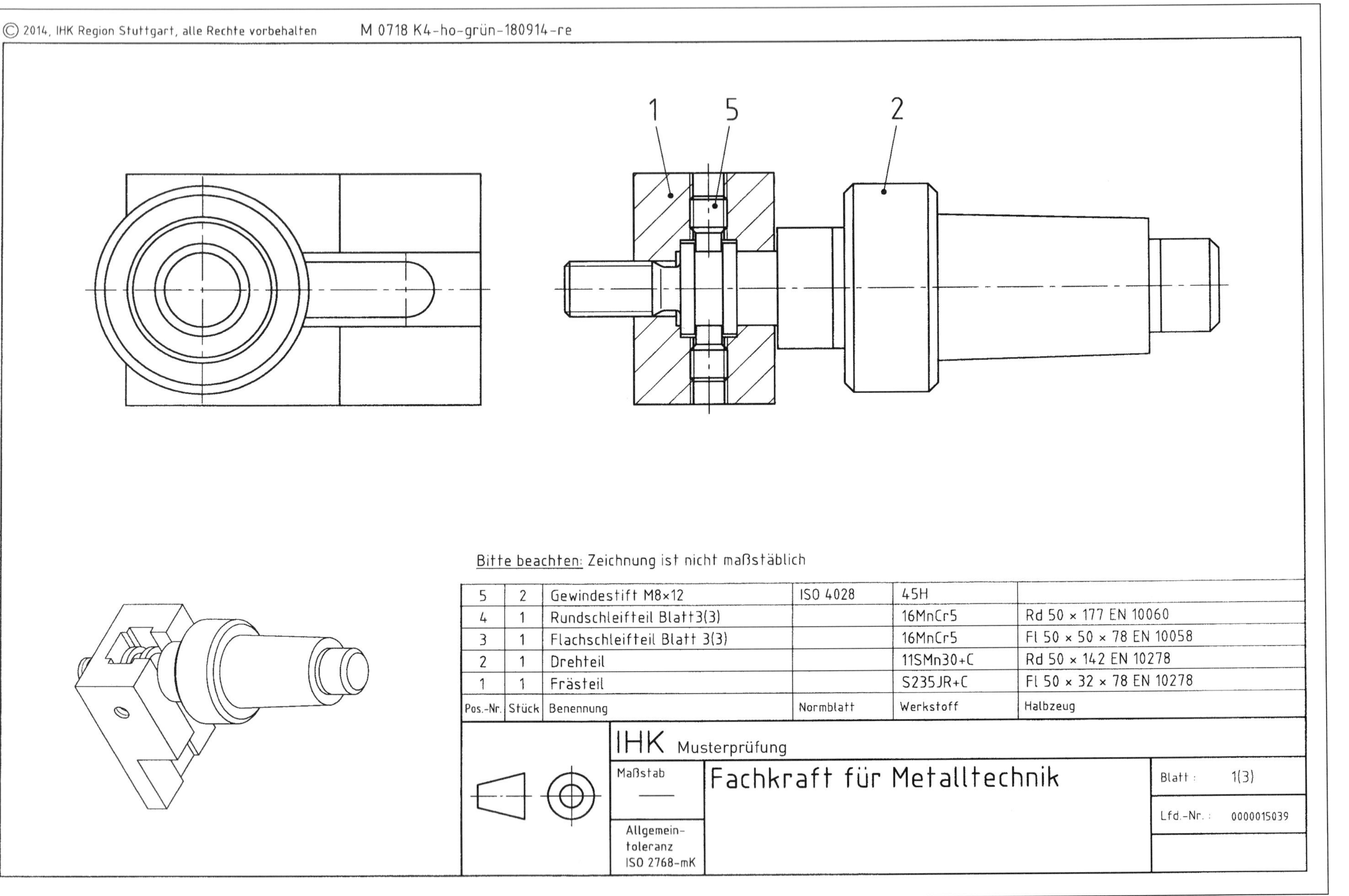

Pos.-Nr.	Stück	Benennung	Normblatt	Werkstoff	Halbzeug
5	2	Gewindestift M8×12	ISO 4028	45H	
4	1	Rundschleifteil Blatt3(3)		16MnCr5	Rd 50 × 177 EN 10060
3	1	Flachschleifteil Blatt 3(3)		16MnCr5	Fl 50 × 50 × 78 EN 10058
2	1	Drehteil		11SMn30+C	Rd 50 × 142 EN 10278
1	1	Frästeil		S235JR+C	Fl 50 × 32 × 78 EN 10278

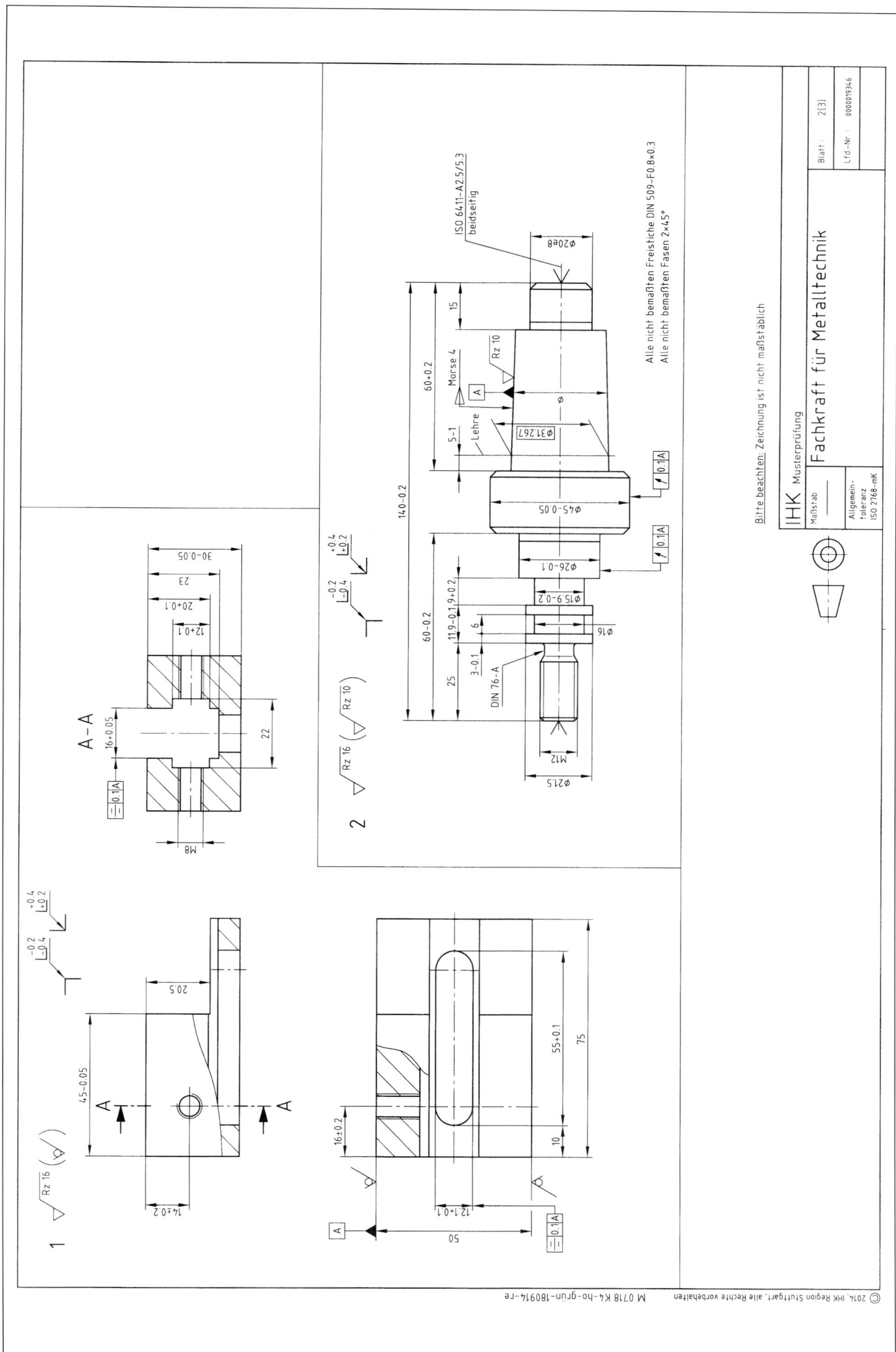
IHK Musterprüfung
Fachkraft für Metalltechnik
Maßstab
Allgemeintoleranz ISO 2768-mK
Blatt: 2(3)
Bitte beachten: Zeichnung ist nicht maßstäblich
Alle nicht bemaßten Freistiche DIN 509-F0,8×0,3
Alle nicht bemaßten Fasen 2×45°
ISO 6411-A2,5/5,3 beidseitig
Morse 4
Lehre
DIN 76-A
A-A
© 2014, IHK Region Stuttgart, alle Rechte vorbehalten
M 0718 K4-ho-grün-180914-re

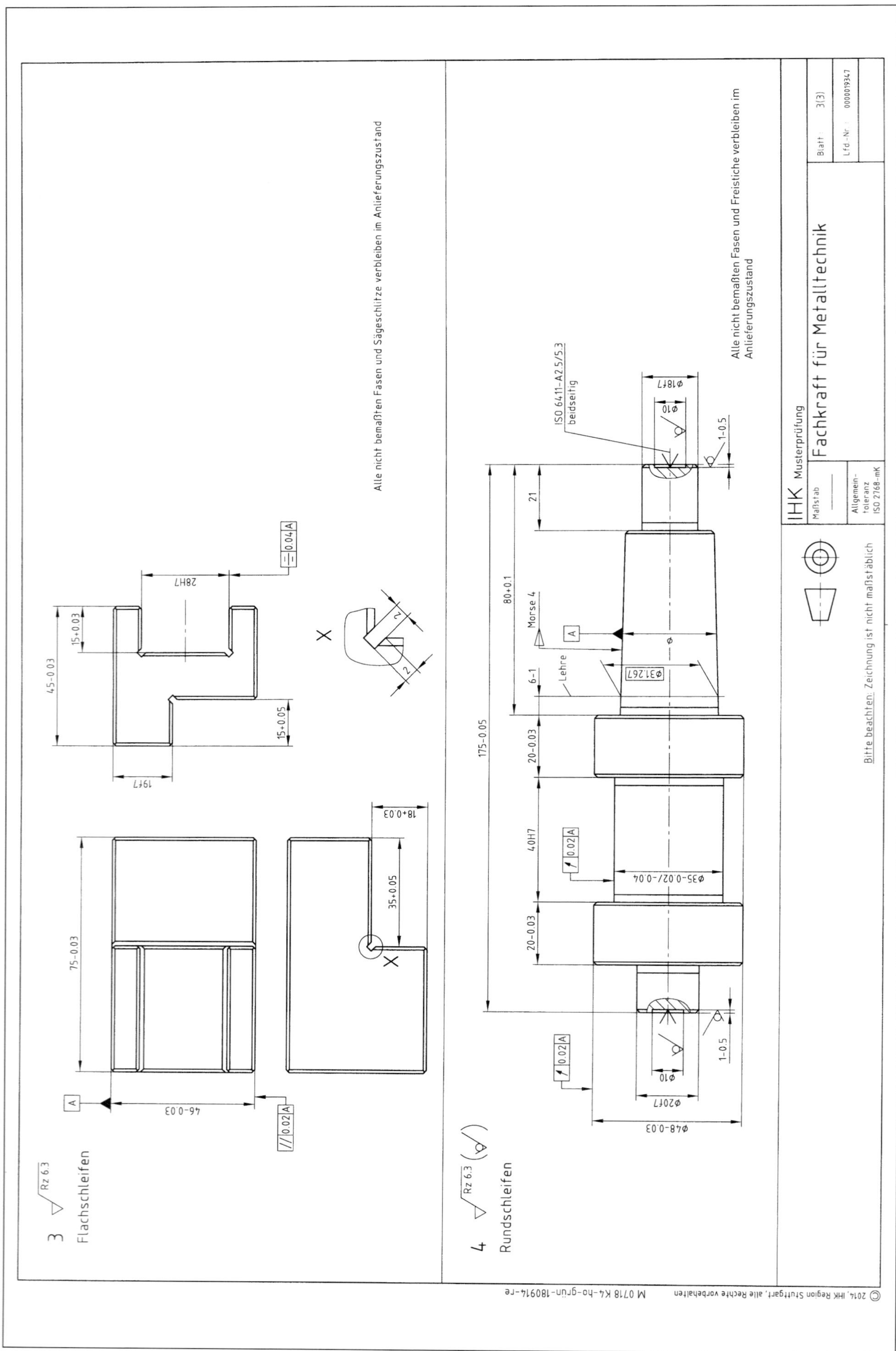
3 Rz 6.3
Flachschleifen
Alle nicht bemaßten Fasen und Sägeschlitze verbleiben im Anlieferungszustand
75-0.03
45-0.03
15+0.03
28H7
0.04 A
15+0.05
19f7
46-0.03
0.02 A
18+0.03
35+0.05
A
X
4 Rz 6.3
Rundschleifen
Alle nicht bemaßten Fasen und Freistiche verbleiben im Anlieferungszustand
ISO 6411-A2,5/5,3
beidseitig
⌀18f7
⌀10
1-0.5
21
80+0.1
Morse 4
Lehre
6-1
⌀31,267
175-0.05
20-0.03
40H7
⌀35-0.027/-0.04
0.02 A
⌀20f7
⌀48-0.03
IHK Musterprüfung
Fachkraft für Metalltechnik
Maßstab
Allgemeintoleranz ISO 2768-mK
Blatt: 3(3)
Lfd.-Nr.:
Bitte beachten: Zeichnung ist nicht maßstäblich
© 2014, IHK Region Stuttgart, alle Rechte vorbehalten
M 0718 K4-ho-grün-180914-re

Industrie- und Handelskammer

Abschlussprüfung

Fachkraft für Metalltechnik
Zerspanungstechnik

Berufs-Nr.
0718

Arbeitsplanung

Musterprüfung

M 0718 K4/K5

IHK PAL - Prüfungsaufgaben- und Lehrmittelentwicklungsstelle
IHK Region Stuttgart

Vorgabezeit:	Insgesamt 60 min
Hilfsmittel:	Tabellenbuch, Formelsammlung und nicht programmierter, netzunabhängiger Taschenrechner ohne Kommunikationsmöglichkeit mit Dritten

Sehr geehrter Prüfling,

bevor Sie mit der Bearbeitung der Aufgaben beginnen, lesen Sie bitte **sorgfältig** die folgenden Hinweise.

1 Allgemeines

Der Aufgabensatz für den Prüfungsbereich **Arbeitsplanung** besteht aus:

- 20 gebundenen Aufgaben (also mit vorgegebenen Auswahlantworten)
- 4 ungebundenen Aufgaben (die Sie mit Ihren eigenen Worten in möglichst kurzen Sätzen beantworten müssen)
- Anlage(n): 1 Blatt im Format A4, 2 Blatt im Format A3
- Markierungsbogen (grün)

Für die Ermittlung Ihrer Prüfungsleistungen werden der grüne Markierungsbogen, die Aufgabenblätter mit den ungebundenen Aufgaben (hinten im Heft) und gegebenenfalls die Anlage(n) zugrunde gelegt.

Am Ende der Vorgabezeit von 60 min müssen Sie den Aufgabensatz der Prüfungsaufsicht übergeben.

Bei zeichnerischen Darstellungen gilt die Projektionsmethode 1 ( ).

2 Hinweise

Tragen Sie bitte vor Beginn der Bearbeitung der Aufgaben in den Kopf des **grünen Markierungsbogens,** in die Köpfe der **Aufgabenblätter** mit den ungebundenen Aufgaben (hinten im Heft) und gegebenenfalls auf der/den **Anlage(n)** die dort geforderten Angaben ein:

- Prüfungsart und Prüfungstermin
- Die Nummer Ihrer Industrie- und Handelskammer, falls bekannt
- Die Ihnen mit der Einladung zur Prüfung mitgeteilte Prüflingsnummer
- Die auf der Titelseite dieses Aufgabenhefts aufgedruckte Berufsnummer
- Ihren Vor- und Familiennamen und den Ausbildungsbetrieb
- Ihren Ausbildungsberuf
- Prüfungsfach/-bereich „Arbeitsplanung“
- Projekt-Nr. „01“

Sind diese Angaben bereits eingedruckt, prüfen Sie diese auf Richtigkeit.

Prüfen Sie danach, ob dieses Heft 20 gebundene und 4 ungebundene Aufgaben und 3 Anlage(n) enthält. Informieren Sie bei Unstimmigkeiten **sofort** die Prüfungsaufsicht. **Reklamationen nach dem Schluss der Prüfung werden nicht anerkannt.**

Die **ungebundenen** Aufgaben (hinten im Heft) sind mit den Nummern U1 bis U4 bezeichnet.
Bei mathematischen Aufgaben ist der vollständige Rechengang (Formel, Ansatz, Ergebnis, Einheit) in dem dafür vorgesehenen Feld auszuführen.

Bei den **gebundenen** Aufgaben in diesem Heft ist jeweils nur **eine** der 5 Auswahlantworten **richtig**. Sie dürfen deshalb nur **eine** ankreuzen. Kreuzen Sie mehr als eine oder keine Auswahlantwort an, gilt die Aufgabe als **nicht gelöst.**

Lesen Sie die Aufgabenstellung und die Auswahlantworten sorgfältig durch. Kreuzen Sie erst dann im Markierungsbogen die Ihrer Meinung nach richtige Auswahlantwort an (siehe Abb. 1, Aufgabe 1). Verwenden Sie hierfür unbedingt einen Kugelschreiber, damit Ihre Kreuze auch auf dem Durchschlag eindeutig erkennbar sind.

Sollten Sie ein Kreuz in ein falsches Feld gesetzt haben, machen Sie dieses unkenntlich und setzen Sie ein neues Kreuz an die richtige Stelle (siehe Abb. 1, Aufgabe 2).

Sollten Sie ein bereits unkenntlich gemachtes Feld verwenden wollen, setzen Sie Ihr Kreuz rechts neben das Feld in die weiße Spalte (siehe Abb. 1, Aufgabe 3).

Von den 20 Aufgaben müssen Sie nur 17 bearbeiten. Entscheiden Sie, welche 3 Aufgaben Sie nicht lösen wollen, und streichen Sie diese im Markierungsbogen durch (siehe Abb. 1, Aufgabe 11).
Wenn Sie keine Aufgaben durchstreichen, werden die letzten 3 abwählbaren Aufgaben nicht gewertet. Nicht bearbeitete Aufgaben gelten als nicht gelöst.

Sollten Sie eine bereits abgewählte Aufgabe doch lösen wollen, setzen Sie Ihr Kreuz rechts neben das Feld in die weiße Spalte (siehe Abb. 1, Aufgabe 12).

Möchten Sie eine Aufgabe abwählen, die Sie bereits angekreuzt haben, streichen Sie diese durch (siehe Abb. 1, Aufgabe 13).

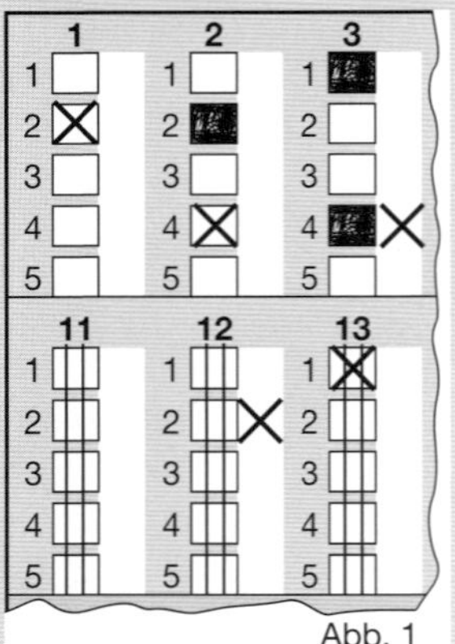

Abb. 1

4 der 20 Aufgaben dürfen Sie nicht abwählen. Diese Aufgaben sind wie im nebenstehenden Beispiel kenntlich gemacht.

3 **nicht abwählbar!**

Ihre Industrie- und Handelskammer wünscht Ihnen viel Erfolg!

Dieser Prüfungsaufgabensatz wurde von einem überregionalen nach § 40 Abs. 2 BBiG zusammengesetzten Ausschuss beschlossen. Er wurde für die Prüfungsabwicklung und -abnahme im Rahmen der Ausbildungsprüfungen entwickelt. Weder der Prüfungsaufgabensatz noch darauf basierende Produkte sind für den freien Wirtschaftsverkehr bestimmt.

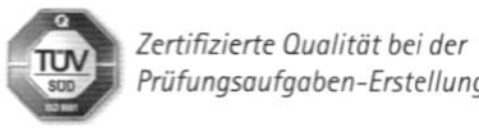

M 0718 K4/K5

Muster eines Markierungsbogens

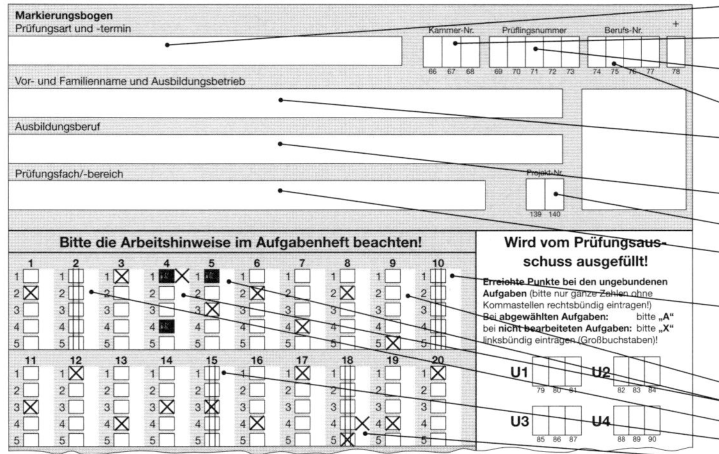
Markierungsbogen
Prüfungsart und -termin
Kammer-Nr. Prüflingsnummer Berufs-Nr.
Vor- und Familienname und Ausbildungsbetrieb
Ausbildungsberuf
Prüfungsfach/-bereich
Projekt-Nr.
Bitte die Arbeitshinweise im Aufgabenheft beachten!
Wird vom Prüfungsausschuss ausgefüllt!
Erreichte Punkte bei den ungebundenen Aufgaben (bitte nur ganze Zahlen ohne Kommastellen rechtsbündig eintragen!)
Bei abgewählten Aufgaben: bitte „A"
bei nicht bearbeiteten Aufgaben: bitte „X"
linksbündig eintragen (Großbuchstaben)!
U1 U2 U3 U4

Tragen Sie bitte ein:

- Prüfungsart und -termin
- Die Nummer Ihrer IHK, falls bekannt
- Ihre Prüflingsnummer
- Ihre Berufsnummer
- Ihren Vor- und Familiennamen sowie Ihren Ausbildungsbetrieb
- Ihren Ausbildungsberuf
- Hier „01"
- Hier „Arbeitsplanung"

Streichen Sie von den abgewählten Aufgaben die Markierungsfelder durch

Bearbeitungsbeispiele für korrekte Einträge:
- bearbeitete Aufgabe
- bearbeitete Aufgabe mit geänderter Lösung
- abgewählte Aufgabe
- bearbeitete Aufgabe, die abgewählt wird
- abgewählte Aufgabe, die doch gelöst wird

1

Sie verwenden für die Fräsarbeit am Frästeil (Pos.-Nr. 1, Blatt 2(3)) einen Walzenstirnfräser 63 N. Wählen Sie das geeignete Spannmittel für diesen Fräser aus.

1. Fräsdorn mit Gegenlager
2. Aufsteck-Fräsdorn
3. Bohrfutter
4. Spannzangenfutter
5. Gewindespannfutter

2

Für das metrische ISO-Gewinde M12 am Drehteil (Pos.-Nr. 2, Blatt 2(3)) ist ein Gewindefreistich nach DIN 76-A zu fertigen. Ermitteln Sie dafür den Durchmesser d_g (in mm) ohne Berücksichtigung der Maßtoleranz.

1. $d_g = 9{,}1$ mm
2. $d_g = 9{,}2$ mm
3. $d_g = 9{,}4$ mm
4. $d_g = 9{,}5$ mm
5. $d_g = 9{,}7$ mm

3 nicht abwählbar!

Im ersten Arbeitsgang werden Sie das Frästeil (Pos.-Nr. 1, Blatt 2(3)) mit einem Messerkopf Durchmesser d = 63 mm planfräsen.
Dazu wird eine Schnittgeschwindigkeit v_c von 300 m/min angenommen.
Welche der genannten Umdrehungsfrequenzen n (in min^{-1}) ist einzustellen, wenn die Schnittgeschwindigkeit annähernd erreicht, aber auf *keinen* Fall überschritten werden soll?

1. $n = 500\ min^{-1}$
2. $n = 710\ min^{-1}$
3. $n = 950\ min^{-1}$
4. $n = 1400\ min^{-1}$
5. $n = 1960\ min^{-1}$

Nebenrechnung Aufgabe 3:

M 0718 K4 -ho-grün-040314

3

4

Was muss eine Arbeitsplanung zum Herstellen von Dreh- und Frästeilen **mindestens** enthalten?

(1) Werkzeugmaschine, Einzelteilzeichnung, Spannmittel

(2) Bearbeitungsschritte, Gruppenzeichnung, Stückliste

(3) Spannmittel, Werkzeuge, Bearbeitungsschritte

(4) Werkzeuge, Rohteilmaße, Verwendung von Kühlschmiermittel

(5) Anordnungsplan, Schneidstoff, Werkstoff

5 nicht abwählbar!

Am Drehteil (Pos.-Nr. 2, Blatt 2(3)) sind an den beiden Stirnseiten Zentrierbohrungen zu fertigen.
Welche Antwort beschreibt die Zeichnungsangabe richtig?

(1) Die Zentrierbohrung wird für die Senkschraube verwendet.

(2) Die Zentrierbohrung ist am Fertigteil erforderlich.

(3) Die Zentrierbohrung darf am Fertigteil vorhanden sein.

(4) Die Zentrierbohrung darf am Fertigteil nicht vorhanden sein.

(5) Die Zentrierbohrung soll gewölbte Laufflächen ohne Schutzsenkung erhalten.

6 nicht abwählbar!

Um die Höhe 30–0,05 am Frästeil (Pos.-Nr. 1, Blatt 2(3)) zu fertigen, soll die Vorschubgeschwindigkeit v_f (in mm/min) berechnet werden.
Technologiedaten: d = 63 mm
n = 1120 min^{-1}
f_z = 0,1 mm
z = 5

(1) v_f = 560 m/min

(2) v_f = 5600 mm/min

(3) v_f = 560 mm/min

(4) v_f = 560 mm/s

(5) v_f = 56 mm/min

Nebenrechnung Aufgabe 6:

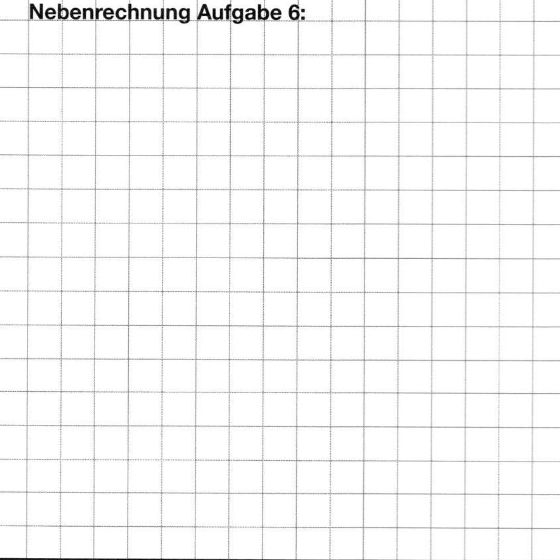

7

Welches Bild zeigt den Fräser, der zum Fräsen der T-Nut im Frästeil (Pos.-Nr. 1, Blatt 2(3)) eingesetzt werden muss?

(1) 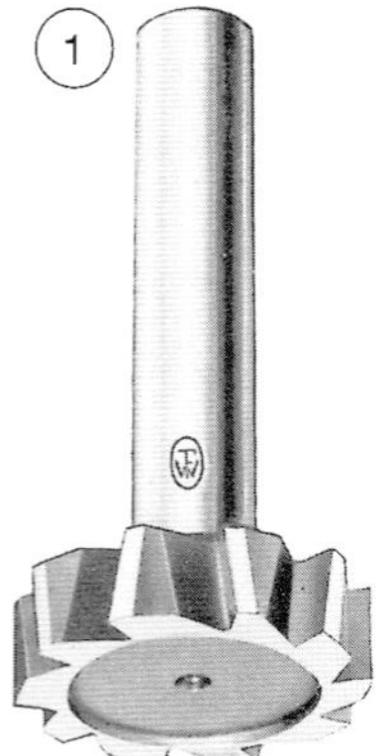

(2) 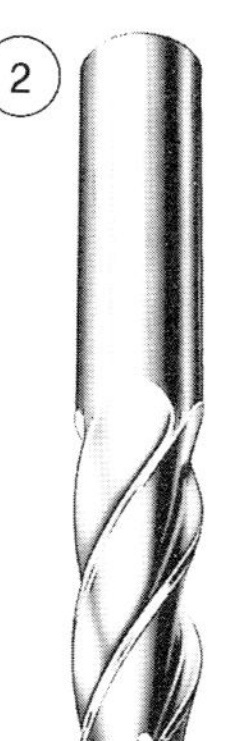

(3) 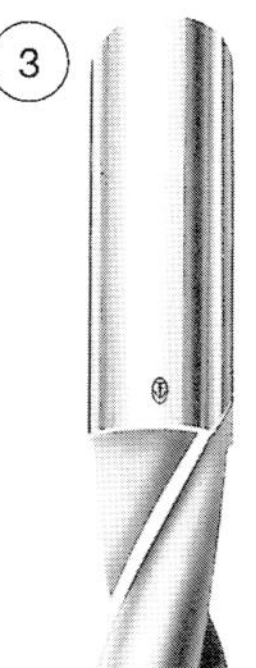

(4) 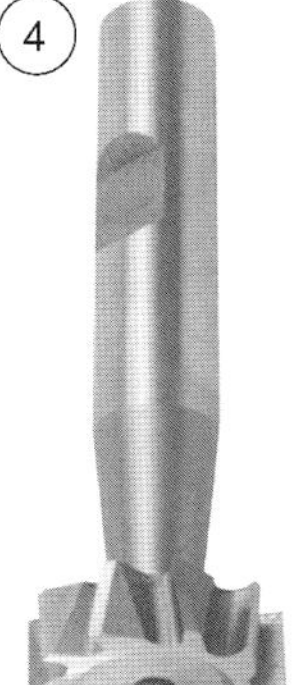

(5) 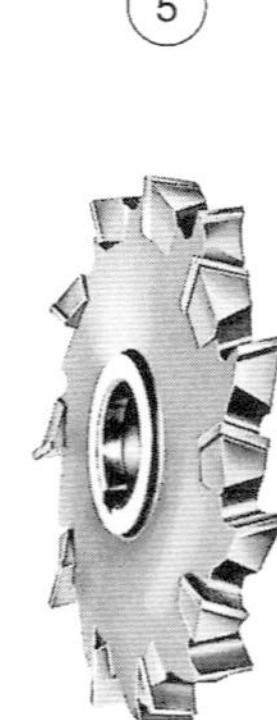

4

M 0718 K4 -ho-grün-040314

8

Im Frästeil (Pos. Nr. 1, Blatt 2(3)) ist die Höhe 30–0,05 zu fertigen. Welcher Fräser ist wirtschaftlich am besten geeignet?

1. Scheibenfräser
2. Nutenfräser
3. Prismenfräser
4. Messerkopf mit Wendeplatten aus HM
5. Winkelfräser

9

Beim Flachschleifen des Werkstücks (Pos.-Nr. 3, Blatt 3(3)) müssen Sie einige technologische Daten bestimmen.
In welcher Einheit wird beim Schleifen die Schnittgeschwindigkeit v_c angegeben?

1. km/h
2. m/min
3. mm
4. mm/s
5. m/s

10

Sie spannen zur Fertigung Ihrer Schleifteile eine neue Schleifscheibe auf.
Welcher der genannten Werkstoffe darf nach den Unfallverhütungsvorschriften bei der mit 1 gekennzeichneten Zwischenlage verwendet werden?

1. Federbandstahl
2. Kupfer
3. Messing
4. Aluminium
5. Elastische Zwischenlagen, z. B. Pappscheiben

11

Schleifmittel sind nach ISO 525 genormt, z. B. ISO 525 – 250 × 25 × 78-A/F 46 L 4.
Mit welcher Kennziffer ist das Gefüge der Schleifscheibe angegeben?

1. 4
2. 25
3. 46
4. 78
5. 250

12

Welche Achse ist nach DIN 66217 bei CNC-Fräsmaschinen der Hauptspindelachse zugeordnet?

1. A-Achse
2. Y-Achse
3. X-Achse
4. B-Achse
5. Z-Achse

13

Welche Aufgabe haben die Gewindestifte (Pos.-Nr. 5, Blatt 1(3))?

1. Sie verhindern, dass sich die Pos.-Nr. 2 in der Pos.-Nr. 1 verschieben lässt.
2. Sie sind nicht notwendig, da die Pos.-Nr. 2 in der Pos.-Nr. 1 verschraubt wird.
3. Sie haben keinerlei Aufgaben.
4. Sie führen Pos.-Nr. 2 in Pos.-Nr. 1.
5. Sie ermöglichen das Verdrehen von Pos.-Nr. 2 in Pos.-Nr. 1.

14

Bei der Fertigung Ihres Frästeils (Pos. Nr. 1, Blatt 2(3)) verwenden Sie einen Kühlschmierstoff. Dieser kann bei Kontakt mit der Haut Ekzeme und Allergien hervorrufen. Wie können Sie sich zweckmäßig beim Reinigen einer Kühlschmierstoffanlage schützen?

1. Regelmäßiges Händewaschen ist ausreichend.
2. Sie tragen Einmalhandschuhe und vermeiden Hautkontakt mit dem Kühlschmierstoff.
3. Es genügt, wenn Sie sich die Hände mit einer Kosmetikcreme einreiben.
4. Man schützt sich durch das Tragen von Schweißerhandschuhen.
5. Der Kühlschmierstoff wird vor der Reinigung verdünnt.

15

Worauf weist das abgebildete Sicherheitszeichen hin?

1. Auf den Weg zu einem Aufzug
2. Auf den Weg zu einer Erste-Hilfe-Station
3. Auf eine Krankentrage
4. Auf einen Rettungsweg mit Richtungsangabe
5. Auf die Richtung, die zum Hauptausgang führt

16

In einer Werkstatt sind Flure und Gänge durch farbliche Strichmarkierungen gekennzeichnet.
Welche Aussage ist richtig?

1. Sie dienen als Fluchtweg und müssen so weit offen bleiben, dass Einzelpersonen durchgehen können.
2. Sie dienen als Fluchtweg und dürfen keinesfalls zugestellt werden, auch nicht vorübergehend.
3. Sie dürfen bei zwingendem Platzbedarf zur Hälfte belegt werden.
4. Sie müssen nach Arbeitsende voll begehbar sein.
5. Sie dürfen so weit belegt werden, dass Transportarbeiten ungehindert ablaufen können.

17

Für die Fertigung der T-Nut im Frästeil (Pos.-Nr. 1, Blatt 2(3)) müssen Sie vom Nennmaß 22 mm die Abmaße kennen, um daraus das Höchst- und das Mindestmaß zu ermitteln. In welcher Auswahlantwort steht das richtige Ergebnis?

	Höchstmaß (in mm)	Mindestmaß (in mm)
1	23,0	21,0
2	22,5	21,5
3	22,1	21,9
4	22,3	21,7
5	22,2	21,8

18

Sie müssen kontrollieren, ob die Oberflächenbeschaffenheit $Rz \leq 16$ µm erreicht wurde.
Wählen Sie dafür das geeignete Gerät bzw. Verfahren aus.

1. Tastschnittgerät
2. Fühlhebelmessgerät
3. Bügelmessschraube
4. Nagelprobe
5. Sichtprobe

19 nicht abwählbar!

In der Zeichnung Blatt 2(3) finden Sie das Passmaß ∅ 20e8. Welche Bedeutung hat die Zahl 8?

1. Das Passmaß muss an acht Stellen gemessen werden.
2. Die Zahl gibt die Größe des Passmaßes an.
3. Die Zahl gibt die Lage zur Nulllinie an.
4. Die Zahl gibt die Größe des Toleranzfelds an.
5. Die Zahl gibt die zulässige Differenz zwischen Nennmaß und Istmaß an.

20

Wer entscheidet über die Qualität der Ergebnisse, Dienstleistungen und Produkte eines Unternehmens?

1. Der Facharbeiter
2. Der Meister
3. Der Kunde
4. Die Geschäftsführung
5. Der Betriebsrat

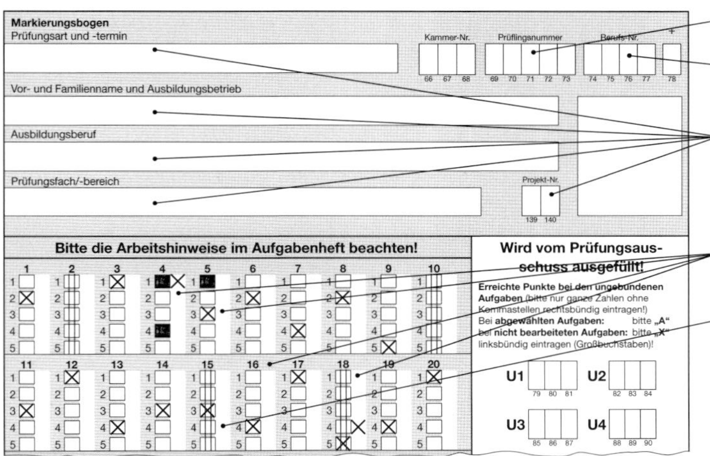

Markierungsbogen
Prüfungsart und -termin
Kammer-Nr. 66 67 68
Prüflingsnummer 69 70 71 72 73
Berufs-Nr. 74 75 76 77 78
Vor- und Familienname und Ausbildungsbetrieb
Ausbildungsberuf
Prüfungsfach/-bereich
Projekt-Nr. 139 140

Bitte die Arbeitshinweise im Aufgabenheft beachten!

Wird vom Prüfungsausschuss ausgefüllt!
Erreichte Punkte bei den ungebundenen Aufgaben (bitte nur ganze Zahlen ohne Kommastellen rechtsbündig eintragen!)
Bei **abgewählten Aufgaben:** bitte **„A“**
bei **nicht bearbeiteten Aufgaben:** bitte **„X“**
linksbündig eintragen (Großbuchstaben)!
U1 79 80 81 U2 82 83 84
U3 85 86 87 U4 88 89 90

Haben Sie in den Markierungsbogen:

Ihre Prüflingsnummer eingetragen?

Ihre Berufsnummer eingetragen? (siehe Titelseite dieses Aufgabenhefts)

Diese Felder ausgefüllt bzw. eingedruckte Angaben auf Richtigkeit geprüft?

Die Lösungen der Aufgaben eindeutig eingetragen?

3 Aufgaben abgewählt?

Bei fehlenden oder uneindeutigen Angaben kann der Markierungsbogen nicht ausgewertet werden. Spätere Reklamationen können nicht berücksichtigt werden!

Weiter auf Seite 9!

IHK Musterprüfung	Vor- und Familienname:	
	Prüflingsnummer:	Datum:
Arbeitsplanung **Ungebundene Aufgaben U1 – U4**	**Fachkraft für Metalltechnik** Zerspanungstechnik	

Tragen Sie in den Kopf dieses Aufgabenblatts bitte Ihren Vor- und Familiennamen, Ihre Prüflingsnummer und das heutige Datum ein. Bearbeiten Sie dann die Aufgaben. Beantworten Sie diese bitte nur mit kurzen Sätzen, wo immer möglich. Bei Aufgaben zu mathematischen Sachverhalten geben Sie bitte den vollständigen Rechengang an.
Übergeben Sie nach Ablauf der Vorgabezeit bitte sämtliche bearbeiteten Unterlagen der Prüfungsaufsicht.

Bei der Bearbeitung der Aufgaben wurde folgendes Tabellenbuch verwendet:

____

U1

In Ihrem Unternehmen soll das Rohmaterial für das Drehteil (Pos.-Nr. 2, Blatt 2(3)) beschafft werden.
Berechnen Sie die Masse *m* (in kg) für 12 Werkstücke, wenn ein Verschnitt von l = 300 mm angenommen wird.

Hinweis: Dichte für legierten Stahl $\varrho = 7{,}9\ \text{kg/dm}^3$

Bewertung (10 bis 0 Punkte)

Aufgabenlösung:

Ergebnis U1

Punkte

 M 0718 K5 -ho-grün-280314 9

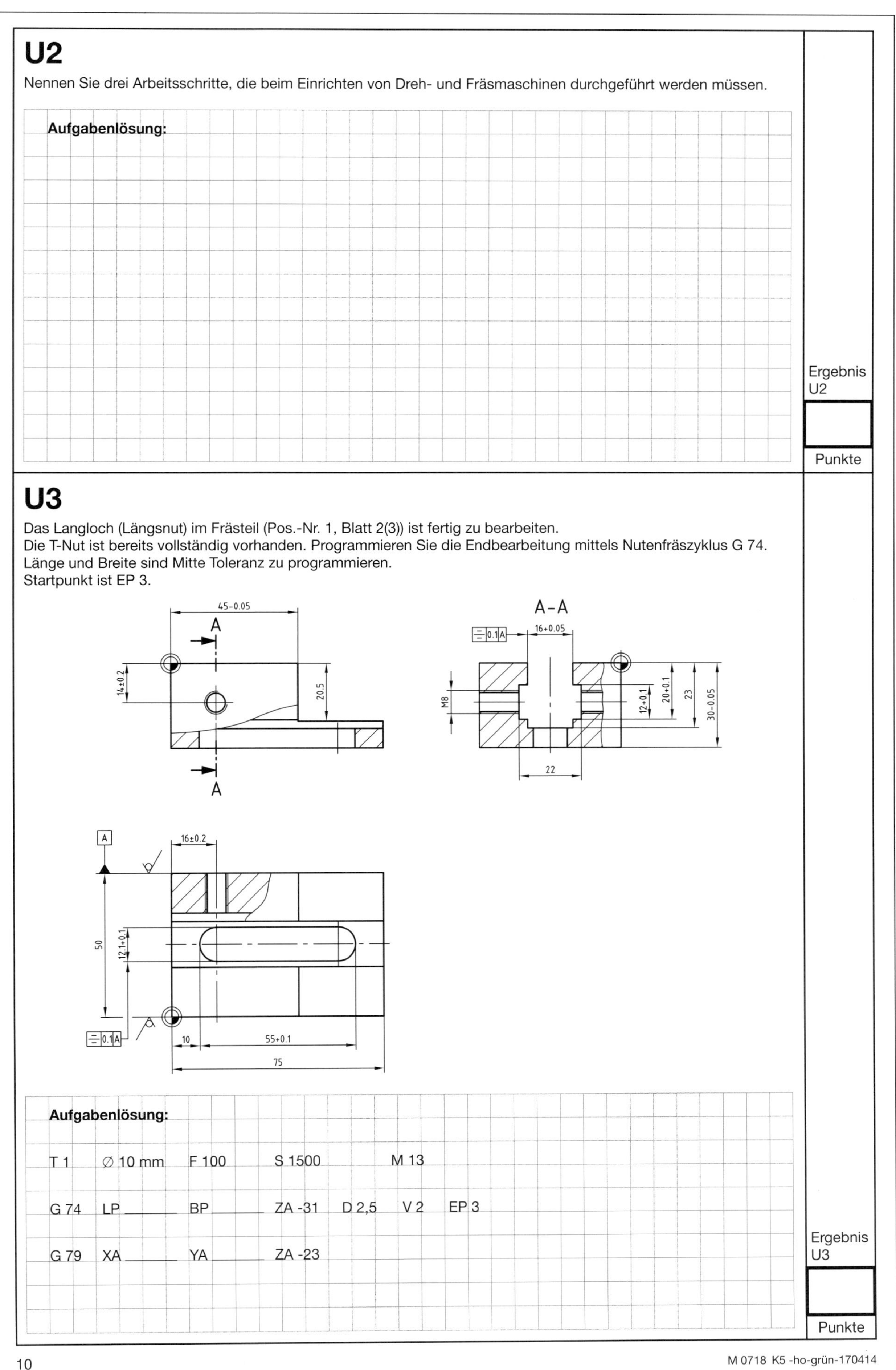

U2

Nennen Sie drei Arbeitsschritte, die beim Einrichten von Dreh- und Fräsmaschinen durchgeführt werden müssen.

Aufgabenlösung:

Ergebnis U2

Punkte

U3

Das Langloch (Längsnut) im Frästeil (Pos.-Nr. 1, Blatt 2(3)) ist fertig zu bearbeiten.
Die T-Nut ist bereits vollständig vorhanden. Programmieren Sie die Endbearbeitung mittels Nutenfräszyklus G 74.
Länge und Breite sind Mitte Toleranz zu programmieren.
Startpunkt ist EP 3.

Aufgabenlösung:

T 1 ∅ 10 mm F 100 S 1500 M 13

G 74 LP ______ BP ______ ZA -31 D 2,5 V 2 EP 3

G 79 XA ______ YA ______ ZA -23

Ergebnis U3

Punkte

M 0718 K5 -ho-grün-170414

IHK Musterprüfung	Vor- und Familienname: Prüflingsnummer: Datum:
Arbeitsplanung **Ungebundene Aufgaben U1 – U4**	**Fachkraft für Metalltechnik** Zerspanungstechnik

Tragen Sie in den Kopf dieses Aufgabenblatts bitte Ihren Vor- und Familiennamen, Ihre Prüflingsnummer und das heutige Datum ein. Bearbeiten Sie dann die Aufgaben. Beantworten Sie diese bitte nur mit kurzen Sätzen, wo immer möglich. Bei Aufgaben zu mathematischen Sachverhalten geben Sie bitte den vollständigen Rechengang an.
Übergeben Sie nach Ablauf der Vorgabezeit bitte sämtliche bearbeiteten Unterlagen der Prüfungsaufsicht.

U4

Bewertung (10 bis 0 Punkte)

Höchst- und Mindestmaß der Nut 28H7 am Flachschleifteil (Pos.-Nr. 3, Blatt 3(3)) sollen durch Parallelendmaße von Normalsätzen geprüft werden. Ermitteln Sie das Höchst- und das Mindestmaß der Nut.
Geben Sie dazu die erforderlichen Endmaßblöcke an.

Maßbildungsreihe	Endmaßblöcke		Stufen von Block zu Block
	Anzahl	Größe	
1	9	1,001 – 1,009	0,001
2	9	1,01 – 1,09	0,01
3	9	1,1 – 1,9	0,1
4	9	1 – 9	1
5	9	10 – 90	10

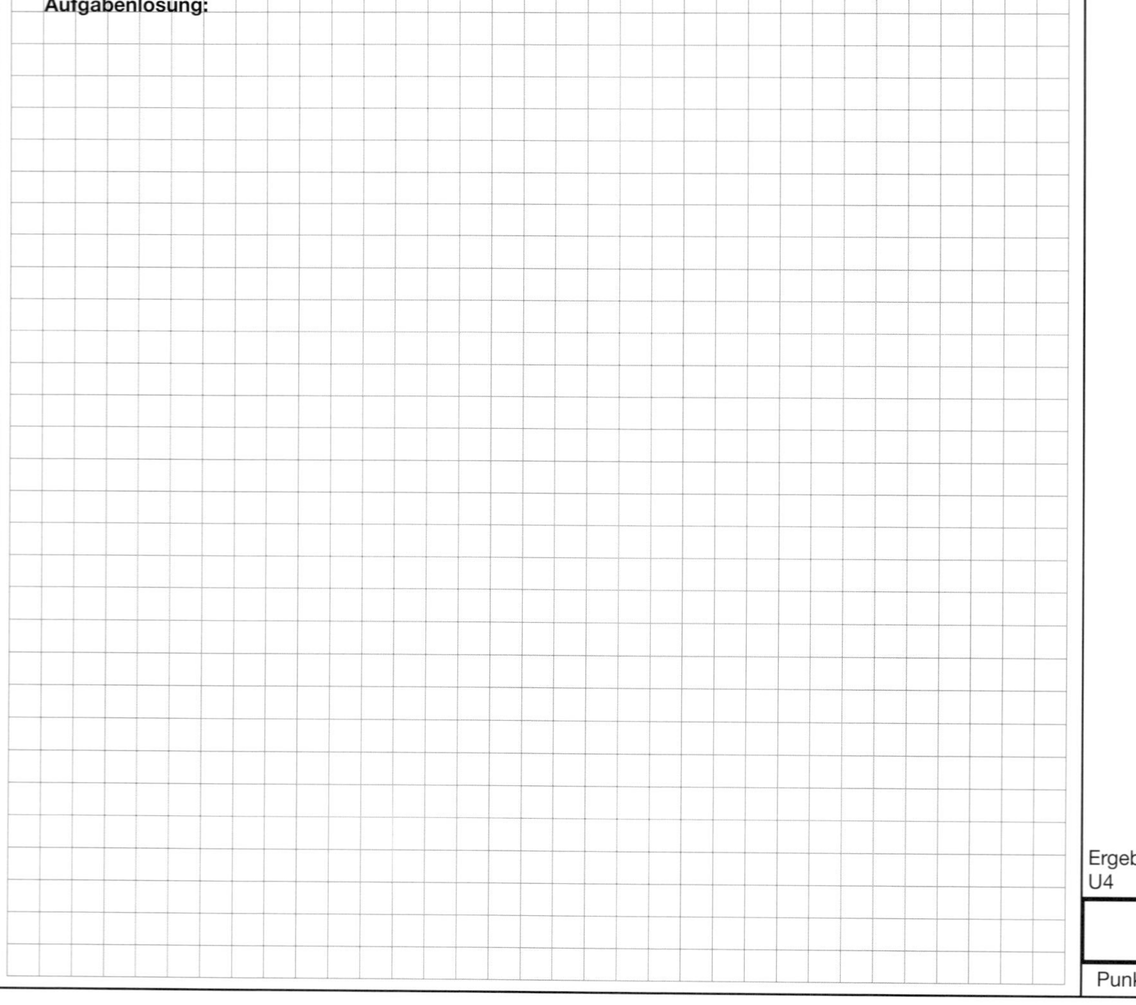

Ergebnis U4

Punkte

Wird vom Prüfungsausschuss ausgefüllt.

Erreichte Punkte bei den ungebundenen Aufgaben

max. 40 Punkte

Die Ergebnisse **U1** bis **U4** bitte in die dafür vorgesehenen Felder des **grünen** Markierungsbogens eintragen!

Datum Prüfungsausschuss

INDUSTRIE- UND HANDELSKAMMER

Lösungsschablone-Nr.: M 0718 L4

Abschlussprüfung: Musterprüfung

Ausbildungsberuf: Fachkraft für Metalltechnik
Zerspanungstechnik

Arbeitsplanung

1	2	3	4	5	6	7	8	9	10
·	·	·	·	·	·	·	·	·	·
⊙	·	·	·	⊙	·	·	·	·	·
·	⊙	·	⊙	·	⊙	·	·	·	·
·	·	⊙	·	·	·	⊙	⊙	·	·
·	·	·	·	·	·	·	·	⊙	⊙

11	12	13	14	15	16	17	18	19	20
⊙	·	⊙	·	·	·	·	⊙	·	·
·	·	·	⊙	·	⊙	·	·	·	·
·	·	·	·	·	·	·	·	·	⊙
·	·	·	·	⊙	·	·	·	⊙	·
·	⊙	·	·	·	·	⊙	·	·	·

Arbeitsplanung

Der Aufgabensatz enthält:

- 20 gebundene Aufgaben, 3 Abwahl, 4 nicht abwählbar, à 1 Punkt = 17 Punkte
- 4 ungebundene Aufgaben, 0 Abwahl, à 10 Punkte = 40 Punkte

Die Einzelergebnisse der ungebundenen Aufgaben sind in den grünen Markierungsbogen in die Felder U1 bis U4 zu übertragen.

Zur manuellen Ermittlung des Ergebnisses **Arbeitsplanung** ist in den Markierungsbogen einzutragen:

Divisor A: 0,255
Divisor B: 1,2

Dies ergibt die Gewichtung

gebundene Aufgaben: 66,67 %
ungebundene Aufgaben: 33,33 %

Hinweis:

- Vom Prüfling sind **17 von 20 Aufgaben zu bearbeiten**
- Sollten vom Prüfling **keine Aufgaben abgewählt** worden sein, sind die **letzten 3 abwählbaren Aufgaben** zu **streichen**
- Folgende **4 Aufgaben** sind **nicht abwählbar:**

- Werden vorgenannte Aufgaben vom Prüfling **abgewählt**, sind diese als **nicht gelöst** zu werten

 M 0718 L4 -ho-170414 -1-(1)

Industrie- und Handelskammer

Abschlussprüfung

Fachkraft für Metalltechnik
Zerspanungstechnik

Schriftliche Prüfung

Lösungsvorschläge für den Prüfungsausschuss

Musterprüfung

M 0718 L

PAL - Prüfungsaufgaben- und Lehrmittelentwicklungsstelle
IHK Region Stuttgart

1 Lösungsschablonen/-vorschläge für den Prüfungsausschuss

1.1 Lösungsschablone Fertigungstechnik
1.2 Lösungsschablone Arbeitsplanung
1.3 Lösungsschablone Wirtschafts- und Sozialkunde
1.4 Heft Lösungsvorschläge mit rot
- Fertigungstechnik
- Arbeitsplanung
(sind im vorliegenden Heft zusammengefasst)
1.5 Gegebenenfalls Blatt Lösungsvorschläge Wirtschafts- und Sozialkunde rot

Lösungsvarianten sind möglich!
Sinngemäß richtige Lösungen sind voll zu bewerten.

M 0718 L

IHK

Musterprüfung

Arbeitsplanung **Lösungsvorschläge**	**Fachkraft für Metalltechnik** Zerspanungstechnik

U1

Berechnung der Gesamtlänge:

L = 142 mm · 12 Stck. + 300 mm Verschnitt

L = 2 004 mm

L = 2,004 m

(Berechnung)

$$m = \frac{d^2 \cdot \pi}{4} \cdot L \cdot \varrho$$

$$m = \frac{(0{,}5\,\text{dm})^2 \cdot \pi}{4} \cdot 20{,}04\,\text{dm} \cdot 7{,}9\,\frac{\text{kg}}{\text{dm}^3}$$

$$\underline{\underline{m = 31{,}09\,\text{kg}}}$$

U2

- Bereitstellen von Werkzeugen
- Bereitstellen von Spannmitteln für das Werkstück
- Vermessen der Werkzeuge
- Ausrichten der Spannmittel usw.

U3

T 1 ∅ 10 mm F 100 S 1500 M 13

G 74 LP 55,05 BP 12,15 ZA -31 D 2,5 V 2 EP 3
G 79 XA 16 YA 25 ZA -23

U4

28,021 (Höchstmaß)	28,000 (Mindestmaß)
20,000	20,000
6,000	8,000
1,020	
1,001	

M 0718 L5 -ho-rot-170414 5

Hinweis:

Bei den gebundenen Aufgaben in den Heften ist jeweils nur eine der fünf Auswahlantworten richtig. Deshalb darf der Prüfling im jeweiligen Markierungsbogen nur eine ankreuzen. Kreuzt er mehr als eine oder keine Auswahlantwort an, gilt die Aufgabe als nicht gelöst. Nur der ausgefüllte Markierungsbogen dient zur Ermittlung der Prüfungsleistungen.

Um ein leichtes Auswerten zu ermöglichen, werden die abgebildeten Lösungsschablonen verwendet. In der „Praxis“ werden diese am Tag der Prüfung dem Prüfungsausschuss zur Verfügung gestellt.

3 Fertigungsauftrag (Prüfungsstück)

Der praktische Prüfungsbereich besteht aus der Fertigung von Einzelteilen, die zu einer Baugruppe gefügt werden.

Für den Prüfungsbereich Fertigungsauftrag bestehen folgende Vorgaben:

Der Prüfling soll nachweisen, dass er in der Lage ist,

- Art und Umfang von Aufträgen zu erfassen, Informationen für die Auftragsabwicklung zu beschaffen,
- Informationen für die Auftragsabwicklung zu nutzen, sicherheitsrelevante Vorgaben zu beachten, Auftragsabwicklungen zu planen und zu dokumentieren,
- Fertigungsaufträge, insbesondere unter Berücksichtigung von Arbeitssicherheit, Umweltschutz, Qualitätsanforderungen und Terminvorgaben, durchzuführen,
- Prüfverfahren und Prüfmittel auszuwählen und anzuwenden, Einsatzfähigkeit von Prüfmitteln festzustellen, Ergebnisse zu prüfen und zu dokumentieren;
- Der Prüfling soll ein Prüfungsstück herstellen; die Prüfungszeit beträgt sieben Stunden.

Industrie- und Handelskammer

Abschlussprüfung

Fachkraft für Metalltechnik
Zerspanungstechnik

Berufs-Nr.			
0	7	1	8

Fertigungsauftrag

Hinweise für die Kammer

Richtlinien für den Prüfungsausschuss

Musterprüfung

M 0718 H

PAL - Prüfungsaufgaben- und Lehrmittelentwicklungsstelle
IHK Region Stuttgart

1 Prüfungsaufgabensatz

Der Prüfungsaufgabensatz für die Abschlussprüfung besteht aus folgenden Unterlagen:

1.1 Allgemeine Unterlagen

1.1.1	Hinweise für die Kammer/Richtlinien für den Prüfungsausschuss (sind im vorliegenden Heft zusammengefasst)		rot
1.1.2	Bereitstellungsunterlagen für den Ausbildungsbetrieb		gelb
1.1.3	Bereitstellungsunterlagen für den Prüfungsbetrieb		blau
1.1.4	Prüfungsunterlagen für den Prüfling		
	– Arbeitsblatt „Beschreibung des Fertigungsauftrags“		weiß
	– 1 Satz Zeichnungen		weiß
	– Arbeitsblatt „Planung“	Blatt 1 von 4	weiß
	– Arbeitsblatt „Qualitätskontrolle“	Blatt 2 von 4	weiß
1.1.5	Bewertungsbogen „Durchführung Fertigungsauftrag“	Blatt 3 von 4	rot
1.1.6	Gesamtbewertungsbogen	Blatt 4 von 4	rot
1.1.7	Stellungnahme des Prüfungsausschusses (Zugangsdaten erhalten Sie über Ihre zuständige Industrie- und Handelskammer/Handwerkskammer)		Onlineformular

Dieser Prüfungsaufgabensatz wurde von einem überregionalen nach § 40 Abs. 2 BBiG zusammengesetzten Ausschuss beschlossen. Er wurde für die Prüfungsabwicklung und -abnahme im Rahmen der Ausbildungsprüfungen entwickelt. Weder der Prüfungsaufgabensatz noch darauf basierende Produkte sind für den freien Wirtschaftsverkehr bestimmt.

Internet: www.ihk-pal.de
M 0718 H -ho-rot-201114

2 Hinweise zur Abschlussprüfung Fachkraft für Metalltechnik – Zerspanungstechnik

2.1 Allgemein

Die Abschlussprüfung besteht aus den Prüfungsbereichen Fertigungsauftrag, Fertigungstechnik, Arbeitsplanung und Wirtschafts- und Sozialkunde.

<table>
<tr><th colspan="2">Abschlussprüfung
Gewichtung 100 %</th></tr>
<tr><th>Prüfungsbereich</th><th>Prüfungsbereich</th></tr>
<tr><td>Fertigungsauftrag
Gewichtung 60 %
Prüfungszeit 7 h</td><td>Fertigungstechnik
Gewichtung 20 %
Prüfungszeit 90 min

25 gebundene Aufgaben
4 zur Abwahl
6 keine Abwahl möglich
Aufgaben zur Mathematik
Aufgaben zur Technischen Kommunikation

+ 6 ungebundene Aufgaben, nicht abwählbar
Aufgaben zur Mathematik
Aufgaben zur Technischen Kommunikation</td></tr>
<tr><td></td><td>Arbeitsplanung
Gewichtung 10 %
Prüfungszeit 60 min

20 gebundene Aufgaben
3 zur Abwahl
4 keine Abwahl möglich
Aufgaben zur Mathematik
Aufgaben zur Technischen Kommunikation

+ 4 ungebundene Aufgaben, nicht abwählbar
Aufgaben zur Mathematik
Aufgaben zur Technischen Kommunikation</td></tr>
<tr><td></td><td>Wirtschafts- und Sozialkunde
Gewichtung 10 %
Prüfungszeit 60 min</td></tr>
</table>

2.2 Vorbereitungen

2.2.1 Vorbereitungen durch den Ausbildungsbetrieb

Vom Ausbildungsbetrieb sind die in den Bereitstellungsunterlagen (gelb) aufgeführten Werkzeuge, Prüf- und Hilfsmittel bereitzustellen. Es müssen die Halbzeuge, Normteile, Bauteile und Hilfsmittel sowie bei Bedarf die auf der Materialbereitstellungsliste dargestellten Werkstücke als vorgefertigte Bauteile beschafft werden. Zudem ist der Prüfling darauf hinzuweisen, dass die Arbeitskleidung den berufsgenossenschaftlichen Vorschriften entsprechen muss. Entspricht die Arbeitskleidung nicht den BGV, dann ist eine Teilnahme an der Prüfung nicht zulässig.

2.2.2 Vorbereitungen durch den Prüfungsbetrieb

Von dem Prüfungsbetrieb sind die in der Standardbereitstellungsliste für den Prüfungsbetrieb (blau) aufgeführten Betriebs- und Arbeitsmittel bereitzustellen.

Zudem ist gegebenenfalls vor der Prüfung eine Sicherheitsunterweisung bezogen auf die örtlichen Gegebenheiten durchzuführen.

2.3 Durchführung der Abschlussprüfung

2.3.1 Fertigungsauftrag

Der Prüfling soll in der Prüfungszeit von 7 h das Prüfungsstück herstellen. Während der Abschlussprüfung wird der Prüfungsausschuss anwesend sein.

Für die Herstellung des Prüfungsstücks sind dem Prüfling folgende Unterlagen auszuhändigen:

- Arbeitsblatt „Beschreibung des Fertigungsauftrags“
- 1 Satz Zeichnungen
- Arbeitsblatt „Planung“ Blatt 1 von 4
- Arbeitsblatt „Qualitätskontrolle“ Blatt 2 von 4

Der Prüfling hat sich innerhalb der Prüfungszeit in die Prüfungsunterlagen einzuarbeiten und die geforderten Aufgaben gemäß Fertigungsauftrag durchzuführen.

Ist die Funktion bzw. fehlerfreie Herstellung des Prüfungsstücks nicht gegeben und hat der Prüfling die Prüfungszeit noch nicht ausgeschöpft, so ist ihm Gelegenheit zu geben, den Fehler zu suchen und zu beheben.

Die Bewertung des Prüfungsstücks erfolgt auf dem Bewertungsbogen „Durchführung Fertigungsauftrag“ (Blatt 3 von 4).

Der Prüfling hat die Gesamtfunktion und/oder die Einzelfunktionen des Prüfungsstücks sowie die Maße zu prüfen und zu dokumentieren und das Arbeitsblatt „Qualitätskontrolle“ (Blatt 2 von 4) zu bearbeiten. Diese Bearbeitung kann gleichzeitig mit der Herstellung und Montage erfolgen. Die vom Prüfling festgestellten Fehler darf er in der Prüfungszeit korrigieren.

Das Arbeitsblatt „Planung“ (Blatt 1 von 4), das Arbeitsblatt „Qualitätskontrolle“ (Blatt 2 von 4) und der Bewertungsbogen „Durchführung Fertigungsauftrag“ (Blatt 3 von 4) sind mit dem Gesamtbewertungsbogen (Blatt 4 von 4) zur vollständigen Dokumentation abzulegen.

Nach Ablauf der Vorgabezeit übergibt der Prüfling alle Unterlagen und das gefertigte Prüfungsstück dem Prüfungsausschuss. Dabei muss der Prüfungsausschuss sicherstellen, dass die Arbeitsblätter und das gefertigte Prüfungsstück mit einer Prüflingsnummer versehen sind.

2.3.2 Bewertung des Fertigungsauftrags

Die Bewertung des Fertigungsauftrags erfolgt auf dem Gesamtbewertungsbogen (Blatt 4 von 4), Seite -1-(2).

Für die Bewertung der einzelnen Prüfungsleistungen empfiehlt der PAL-Fachausschuss die folgenden Bewertungsschlüssel:

- Objektiv bewertbar: 10 oder 0 Punkte
- Subjektiv bewertbar: 10 bis 0 Punkte (10–9–8–7–6–5–4–3–2–1–0 Punkte)

Treten bei Ergebnisberechnungen Dezimalergebnisse auf, sind diese mit zwei Nachkommastellen kaufmännisch gerundet einzutragen.

Auf Basis von § 24 Musterprüfungsordnung für die Durchführung von Abschluss- und Umschulungsprüfungen des Hauptausschusses des Bundesinstituts für Berufsbildung (BiBB) vom März 2007 sind die Prüfungsleistungen wie folgt zu bewerten:

10	Eine den Anforderungen in besonderem Maße entsprechende Leistung
9	Eine den Anforderungen voll entsprechende Leistung
8 7	Eine den Anforderungen im Allgemeinen entsprechende Leistung
6 5	Eine Leistung, die zwar Mängel aufweist, aber den Anforderungen noch entspricht
4 3	Eine Leistung, die den Anforderungen nicht entspricht, jedoch erkennen lässt, dass Grundkenntnisse vorhanden sind
2 1	Eine Leistung, die den Anforderungen nicht entspricht und bei der selbst Grundkenntnisse fehlen **oder**
0	keine Prüfungsleistung erbracht

3.2 Bereitstellungsunterlagen für den Ausbildungsbetrieb

Vom Ausbildungsbetrieb sind die in den Bereitstellungsunterlagen aufgeführten Werkzeuge, Prüf- und Hilfsmittel bereitzustellen. Es müssen die Halbzeuge, Normteile und Hilfsmittel sowie bei Bedarf auch die auf der Materialbereitstellungsliste dargestellten Skizzen als vorgefertigte Bauteile beschafft werden.

Anstelle der aufgeführten Positionen können alternativ auch vergleichbare betriebsübliche Normteile, Werkzeuge, Prüf- und Hilfsmittel sowie Werkstoffe für Halbzeuge mit für die Anwendung ausreichenden Eigenschaften verwendet werden.

Zudem ist darauf hinzuweisen, dass die Arbeitskleidung/die persönliche Schutzausrüstung den Berufsgenossenschaftlichen Vorschriften (BGV) entsprechen muss und der Prüfling die Vorschriften zur Arbeitssicherheit einhält.

Die Bereitstellungsliste für den Ausbildungsbetrieb beinhaltet einen Pool an Werkzeugen, Prüf- und Hilfsmitteln, welcher zu jeder Prüfung mitgebracht werden soll. Dieser stellt eine Art „Grundausstattung“ dar. Des Weiteren behält es sich der Fachausschuss vor, zusätzlich Werkzeuge, Prüf- und Hilfsmittel aufzuführen, die nur für die jeweilige Abschlussprüfung benötigt werden.

Industrie- und Handelskammer

Abschlussprüfung

Fachkraft für Metalltechnik
Zerspanungstechnik

Fertigungsauftrag

Bereitstellungsunterlagen für den Ausbildungsbetrieb

Musterprüfung

M 0718 B1

1 Hinweise zur Abschlussprüfung Fachkraft für Metalltechnik – Zerspanungstechnik

1.1 Allgemein

Die Abschlussprüfung besteht aus den Prüfungsbereichen Fertigungsauftrag, Fertigungstechnik, Arbeitsplanung, und Wirtschafts- und Sozialkunde.

Abschlussprüfung **Gewichtung 100 %**	
Prüfungsbereich	**Prüfungsbereich**
Fertigungsauftrag Gewichtung 60 % Prüfungszeit 7 h	**Fertigungstechnik** Gewichtung 20 % Prüfungszeit 90 min 25 gebundene Aufgaben 4 zur Abwahl 6 keine Abwahl möglich Aufgaben zur Mathematik Aufgaben zur Technischen Kommunikation + 6 ungebundene Aufgaben, nicht abwählbar Aufgaben zur Mathematik Aufgaben zur Technischen Kommunikation
	Arbeitsplanung Gewichtung 10 % Prüfungszeit 60 min 20 gebundene Aufgaben 3 zur Abwahl 4 keine Abwahl möglich Aufgaben zur Mathematik Aufgaben zur Technischen Kommunikation + 4 ungebundene Aufgaben, nicht abwählbar Aufgaben zur Mathematik Aufgaben zur Technischen Kommunikation
	Wirtschafts- und Sozialkunde Gewichtung 10 % Prüfungszeit 60 min

IHK

Musterprüfung

Bereitstellungsliste für den Ausbildungsbetrieb	**Fachkraft für Metalltechnik** Zerspanungstechnik

Bei der Liste handelt es sich um eine Materialpoolliste. Der Prüfling hat anhand der Liste die Prüfmittel, Werkzeuge und Hilfsmittel auszuwählen, die er für die Bearbeitung der Werkstücke benötigt.

I Prüfmittel, die für jeden Prüfling bereitgestellt werden müssen:

1.	1 Messschieber Form A	150 mm	DIN 862
2.	1 Messschieber Form B	200 mm	DIN 862
3.	1 Messschieber Form C	135 mm	DIN 862
4.	1 Bügelmessschraube	–	
5.	1 Tiefenmessschraube	–	
6.	1 Winkelmesser oder Universalwinkelmesser		
7.	1 Haarwinkel	100 × 70 mm	

II Werkzeuge, die für jeden Prüfling bereitgestellt werden müssen:

1.	1 Reißnadel		
2.	1 Körner		
3.	1 Schlosserhammer	300 g	DIN 1041
4.	1 Gummi- oder Kunststoffhammer		
5.	1 Flachstumpffeile	150-3	DIN 7261
6.	1 Dreikantfeile	150-3	DIN 7261
7.	1 Feilenbürste oder Feilenreiniger		
8.	1 Dreikantschaber oder Entgrater		
9.	1 Abziehstein oder Handläpper		

III Hilfsmittel, die für jeden Prüfling bereitgestellt werden müssen:

1. 1 Schutzbrille
2. 1 Haarschutz (bei nicht arbeitssicherem Haarschnitt)
3. 1 Tabellenbuch (ist vom Prüfling bereitzustellen)
4. 1 Nicht programmierter, netzunabhängiger Taschenrechner ohne Kommunikationsmöglichkeit mit Dritten (ist vom Prüfling bereitzustellen)

IV Prüfmittel, die für 1 bis 5 Prüflinge bereitgestellt werden müssen:

1.	1 Grenzlehrdorn H7	–	
2.	1 Kegellehrhülse	–	DIN 229/Bl.2
3.	1 Kegellehrdorn	–	DIN 229/Bl.1
4.	1 Innenmessschraube mit Messschnäbeln	–	
5.	1 Dreipunktinnenmessschraube für ∅ – **oder** 1 Innenfeinmessgerät (Messgenauigkeit 0,01) für ∅ – mit Einstellzubehör		
6.	1 Parallelendmaßsatz	–	
7.	1 Fühlhebelmessgerät zum Ausrichten mit Halter **oder** Messuhr zum Ausrichten mit Halter		
8.	1 Gewinde-Lehrring (Gut/Ausschuss) **oder** Gewinde-Grenzrollenlehre	–	
9.	1 Gewinde-Grenzlehrdorn (Gut/Ausschuss)	M 5	

Alle Messmittel können sowohl analog als auch in digitaler Form ausgewählt werden.

M 0718 B1 -ho-gelb-200214 3

V	**Werkzeuge für die manuelle Werkstoffbearbeitung, die für 1 bis 5 Prüflinge bereitgestellt werden müssen:**		
1.	1 Satz Schlagstempel (arabische Ziffern)	3 mm	
2.	1 Winkelschraubendreher (DIN 911)	–	ISO 2936
3.	1 Schraubendreher für Schrauben mit Schlitz	1 mm	DIN 5265
4.	1 Maulschlüssel	–	
5.	1 Maschinengewindebohrer mit Windeisen	M 5	
6.	1 Schneideisen mit Schneideisenhalter	–	
7.	1 Zange für Sicherungsring	–	DIN 5254
8.	1 Splinttreiber	–	DIN 6450

VI	**Werkzeuge für die maschinelle Werkstoffbearbeitung, die für jeden Prüfling bereitgestellt werden müssen:**		
1.	1 Zentrierbohrer	A2	DIN 333
2.	1 Spiralbohrer	4,2 5,5 mm	
3.	1 Aufbohrer	–	DIN 343
4.	1 Flachsenker	–	DIN 373
5.	1 Kegelsenker 90° oder NC-Anbohrer	5–10 mm	
6.	1 Kegelsenker 60°	–	
7.	1 Maschinenreibahle H7	–	DIN 212
8.	Drehmeißel: Schaft max. □ 25 mm		
8.1	1 Gebogener Drehmeißel		DIN 4952
8.2	1 Innen-Drehmeißel	–	DIN 4953
8.3	1 Innen-Eckdrehmeißel	–	DIN 4954
8.4	1 Abgesetzter Seitendrehmeißel		DIN 4960
8.5	1 Stechdrehmeißel	–	DIN 4961
8.6	1 Stechdrehmeißel	–	DIN 4961
8.7	1 Gebogener Eckdrehmeißel		DIN 4965
8.8	1 Formdrehmeißel für Gewindefreistich außen, Gewindesteigung	–	DIN 76
8.9	1 Formdrehmeißel für Freistich außen	–	DIN 509
8.10	1 Formdrehmeißel für Freistich innen	–	DIN 509
8.11	1 Formdrehmeißel für außen	–	
8.12	1 Außengewinde-Drehmeißel, Gewindesteigung	–	
8.13	1 Formdrehmeißel	–	
8.14	1 Rändelwerkzeug RGE 1	–	DIN 82
9.	Fräswerkzeuge		
9.1	1 Walzenstirnfräser	–	
	oder 1 Messerkopf	–	DIN 1880
9.2	1 Langlochfräser	A6 A8	DIN 327
9.3	1 T-Nutenfräser mit Zylinderschaft	–	DIN 851
9.4	1 Schaftfräser zum Schruppen	A4N A8N A12N A14N A25N	DIN 844
9.5	1 Schaftfräser zum Schlichten	A4N A5N A8N A12N A14N A25N	DIN 844
9.6	1 Winkelfräser mit Zylinderschaft	–	DIN 1833

Die DIN-Angaben der Werkzeuge beziehen sich auf HSS, alternativ kann auch HM verwendet werden. Die Werkzeuge sind entsprechend den Aufnahmen der entsprechenden Maschinen bereitzustellen.

Anstelle der aufgeführten Positionen können alternativ auch vergleichbare betriebsübliche Werkzeuge, Prüf- und Hilfsmittel verwendet werden.

Der Prüfling ist vom Ausbildenden darüber zu unterrichten, dass seine Arbeitskleidung den Berufsgenossenschaftlichen Vorschriften (BGV) entsprechen muss. Entspricht die Arbeitskleidung nicht den Unfallverhütungsvorschriften nach BGV, dann ist eine Teilnahme an der Prüfung nicht zulässig.

IHK

Musterprüfung

Materialbereitstellungsliste	**Fachkraft für Metalltechnik** Zerspanungstechnik

Allgemein

Die Halbzeuge müssen den angegebenen Normen entsprechen. Bei der Vorbereitung sind die nebenstehenden Allgemeintoleranzen zu beachten. Nicht unterstrichene Maße sind Fertigmaße (Oberfläche $\sqrt{Rz\ 16}$). Unterstrichene Maße sind Rohmaße, die in der Prüfung noch verändert werden. Für die Oberflächen der mit Stern * gekennzeichneten Maße gilt ∀. Bei zeichnerischen Darstellungen gilt die Projektionsmethode 1 (⊏⊐ ◎).

Allgemeintoleranzen nach ISO 2768

Toleranzklasse	von 0,5 bis 3	über 3 bis 6	über 6 bis 30	über 30 bis 120	über 120 bis 400
mittel	±0,1	±0,1	±0,2	±0,3	±0,5

I Halbzeuge, die jeder Prüfling mitzubringen hat:

1.	1 Flachstahl	60 × 10 × <u>90</u>	EN 10278	S235JR+C	spannungsarm geglüht
2.	2 Flachstahl	20 × 10 × <u>90</u>	EN 10278	S235JR+C	spannungsarm geglüht
3.	1 Rundstahl	40 × <u>52</u>	EN 10278	11SMn30+C	

II Normteile, die jeder Prüfling mitzubringen hat:

1.	4 Zylinderschraube	M5 × 20	ISO 1207	5.8

M 0718 B1 -ho-gelb-200214 5

3.3 Bereitstellungsliste für den Prüfungsbetrieb

Vom Prüfungsbetrieb sind die in der Bereitstellungsliste aufgeführten Positionen bereitzustellen. Sie ist ein Pool an Betriebs- und Arbeitsmitteln, welcher vom Prüfungsbetrieb bereitgestellt werden soll.

Der Prüfling kann dadurch selbstständig festlegen und auswählen, wie und womit er die herzustellenden Einzelteile fertigt.

Anstelle der aufgeführten Positionen können alternativ auch vergleichbare betriebsübliche Betriebs- und Arbeitsmittel mit für die Anwendung ausreichenden Eigenschaften bereitgestellt werden.

Vor der Prüfung ist eine Begehung der örtlichen Gegebenheiten und eine Sicherheitsunterweisung an den zu benutzenden Maschinen durchzuführen.

IHK
Musterprüfung

Bereitstellungsliste für den Prüfungsbetrieb	**Fachkraft für Metalltechnik** Zerspanungstechnik

I Betriebs- und Arbeitsmittel, die für jeden Prüfling vorhanden sein müssen:

1. 1 Leit- und Zugspindeldrehmaschine (mindestens 150 mm Spitzenhöhe) mit üblichem Zubehör **oder**
   1 CNC-Drehmaschine mit üblichem Zubehör und Programmieranleitung
2. Zubehör zur konventionellen und CNC-Drehmaschine
2.1 1 Dreibackenfutter (mit harten Backen,
   mit weichen Backen für ∅ 20 mm, durchgehend)
2.2 1 Bohrfutter 1 bis 13 mm
2.3 1 Satz Reduzierhülsen, passend zu der Drehmaschine
2.4 1 Mitlaufende Zentrierspitze
3. 1 Fräsmaschine zum Senkrechtfräsen mit üblichem Zubehör **oder**
   1 CNC-Fräsmaschine mit üblichem Zubehör und Programmieranleitung
4. Zubehör zur konventionellen und CNC-Fräsmaschine
4.1 1 Kantentaster **oder** 3D-Taster
4.2 1 Maschinenschraubstock mit Parallelunterlagen
5. 1 Kreide
6. 1 Putztuch
7. 1 Handfeger

II Betriebs- und Arbeitsmittel, die für 1 bis 3 Prüflinge vorhanden sein müssen:

1. 1 Arbeitsplatz mit Parallelschraubstock (100–150 mm Backenbreite mit Schutzbacken oder geschliffenen Backen)
2. 1 Anreißplatz
3. Zubehör zum Anreißen
3.1 1 Höhenreißer 200 mm (Noniusteilung mindestens 0,1 mm)
3.2 1 Anreißwinkel
3.3 1 Anreißprisma für Wellendurchmesser ∅ 20–70 mm
3.4 Anreißlack oder Vergleichbares
4. 1 Säulen- **oder** Tischbohrmaschine mit einer Bohrleistung bis 16 mm Bohrerdurchmesser und Reduzierhülsen, Maschinenschraubstock mit Parallelunterlagen

III Prüfmittel, Werkzeuge und Hilfsmittel, die für 1 bis 5 Prüflinge vorhanden sein müssen:

1. 1 Magnetständer mit Messuhr 0–10 mm
2. 1 Schleifbock
3. Kühlschmierstoff, Reinigungsmittel
4. 1 Rundlaufprüfgerät

 M 0718 C1 -ho-blau-251113 -1-(1)

3.4 Beschreibung des Fertigungsauftrags

Der Prüfling hat in einer Prüfungszeit von sieben Stunden einen Fertigungsauftrag zu bearbeiten. Dies sind Einzelteile, die sich gegebenenfalls zu einer Baugruppe fügen lassen. Es gibt für alle Fachrichtungen separate Aufträge (Prüfungsstücke).

Für die Bearbeitung des Fertigungsauftrags werden dem Prüfling folgende Unterlagen ausgehändigt:

- Arbeitsblatt „Beschreibung des Fertigungsauftrags"
- Zeichnung(en)
- Planung (Blatt 1 von 4)
- Arbeitsblatt „Qualitätskontrolle" (Blatt 2 von 4)

Der Prüfling hat sich innerhalb der Prüfungszeit von sieben Stunden in die Prüfungsunterlagen einzuarbeiten und die geforderten Aufgaben gemäß Fertigungsauftrag durchzuführen.

Die Bauteile können sowohl auf konventionellen als auch auf numerisch gesteuerten Maschinen gefertigt werden. Die Auswahl der Maschinen wird durch die Betriebe/die Bildungseinrichtungen in Absprache mit dem Prüfling festgelegt.

Bei der Durchführung des Fertigungsauftrags muss die Prüfungsaufsicht besonders darauf achten, dass eine Kommunikation der Prüflinge untereinander unterbleibt. Es empfiehlt sich deshalb, alle Prüflinge in der Prüfungswerkstatt gleichzeitig mit dem Prüfungsstück beginnen zu lassen.

Nach der Fertigstellung des Fertigungsauftrags beziehungsweise am Ende der Prüfungszeit übergibt der Prüfling die Unterlagen und die gefertigten Einzelteile (ggf. die Baugruppe) dem Prüfungsausschuss.

IHK Musterprüfung	
Beschreibung des Fertigungsauftrags	**Fachkraft für Metalltechnik** Zerspanungstechnik

1 **Allgemein**

In der Abschlussprüfung haben Sie einen Fertigungsauftrag zu bearbeiten. Dieser ist in eine Planungsphase, eine Durchführungsphase und eine Qualitätskontrollphase gegliedert.

2 **Vorgabezeit: 7,0 h**

Richtzeit für die Arbeitsphase „Planung“	0,5 h
Richtzeit für die Arbeitsphase „Durchführung“	6,0 h
Richtzeit für die Arbeitsphase „Qualitätskontrolle“	0,5 h

3 **Prüfungsunterlagen, die jeder Prüfling zusätzlich zum vorliegenden Blatt für den Fertigungsauftrag benötigt:**

- Arbeitsblatt „Planung“
- Zeichnungssatz (2 Blatt)
- Arbeitsblatt „Qualitätskontrolle“

4 **Kennzeichnung der Prüfungsunterlagen**

Tragen Sie in den Kopf sämtlicher Prüfungsunterlagen Ihren Vor- und Familiennamen und Ihre Prüflingsnummer ein.

5 **Beschreibung des Fertigungsauftrags**

Herstellung des Drehteils und der Frästeile

Werden die Teile auf einer CNC-Maschine gefertigt, **sind die Programme vom Prüfling** betriebsüblich unter Berücksichtigung der bereitgestellten Betriebsmittel und Werkzeuge **selbst zu erstellen**.

Die Werkzeuge sind mit der vorhandenen Einrichtung zu vermessen.

6 **Planungsphase** **Richtzeit: 0,5 h**

Arbeiten Sie sich in die Zeichnungen ein und erstellen Sie den Arbeitsplan auf dem Arbeitsblatt „Planung“.

7 **Durchführungsphase** **Richtzeit: 6,0 h**

Sie haben die Aufgabe, das Drehteil und die Frästeile herzustellen.

Fertigen:
- Herstellung der Einzelteile durch Spanen
- Kennzeichnung der Bauteile
- Gegebenenfalls nach Zeichnung fügen

8 **Qualitätskontrolle** **Richtzeit: 0,5 h**

Überprüfen Sie auf dem Arbeitsblatt „Qualitätskontrolle“ Ihren Fertigungsauftrag. Beurteilen Sie, ob die vorgegebenen Merkmale erfüllt sind. Dokumentieren Sie dabei Ihre Entscheidungsfindung in der Tabelle.

9 **Abgabe der Unterlagen**

Vergewissern Sie sich, dass alle Unterlagen, auch Ihre eigenen Dokumentationen, Skizzen und Notizen, mit Ihrem Vor- und Familiennamen sowie Ihrer Prüflingsnummer versehen sind. Übergeben Sie danach die Unterlagen zusammen mit der Baugruppe dem Prüfungsausschuss.

 M 0718 P1 -ho-weiß-200214 -1-(1)

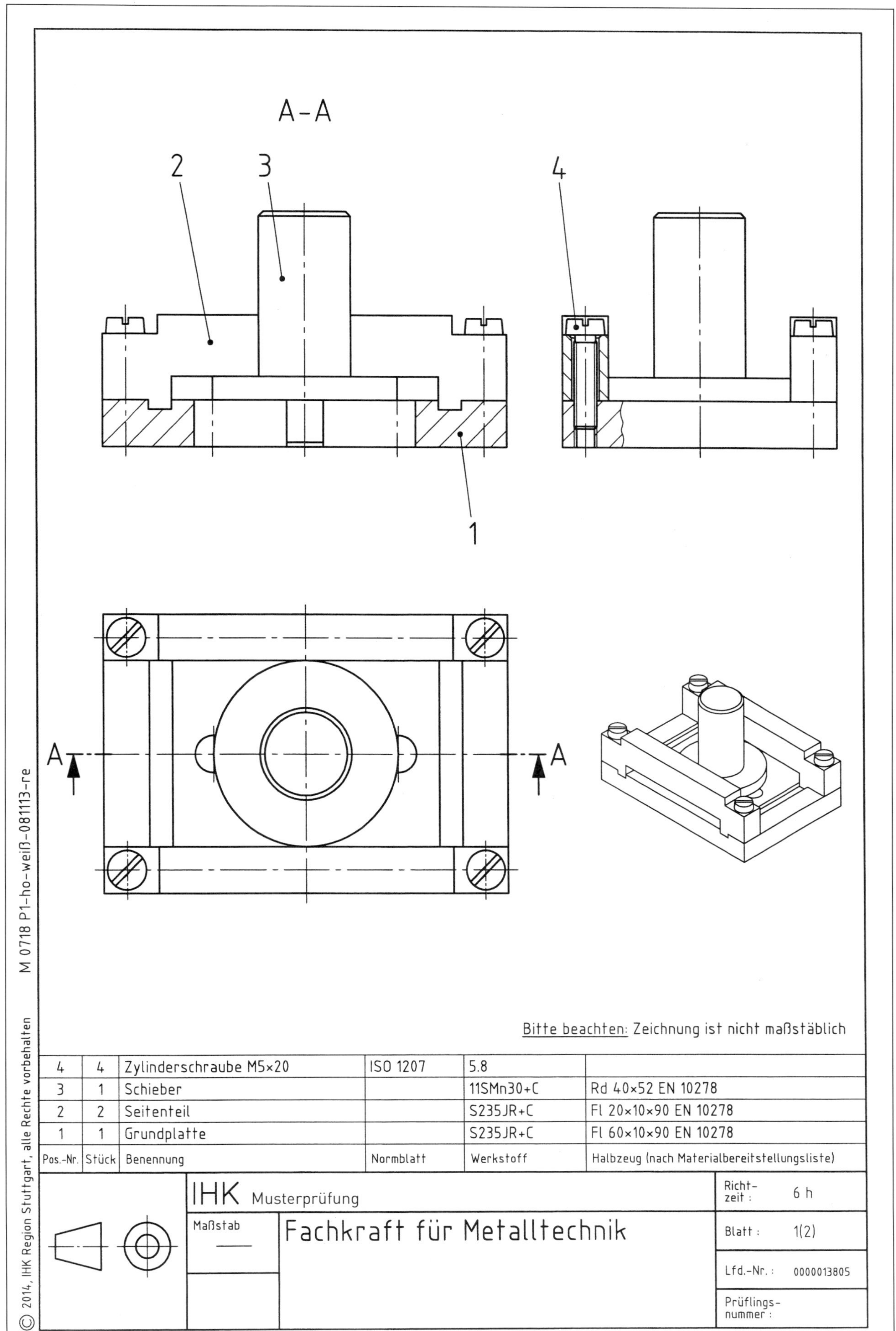

Pos.-Nr.	Stück	Benennung	Normblatt	Werkstoff	Halbzeug (nach Materialbereitstellungsliste)
4	4	Zylinderschraube M5×20	ISO 1207	5.8	
3	1	Schieber		11SMn30+C	Rd 40×52 EN 10278
2	2	Seitenteil		S235JR+C	Fl 20×10×90 EN 10278
1	1	Grundplatte		S235JR+C	Fl 60×10×90 EN 10278

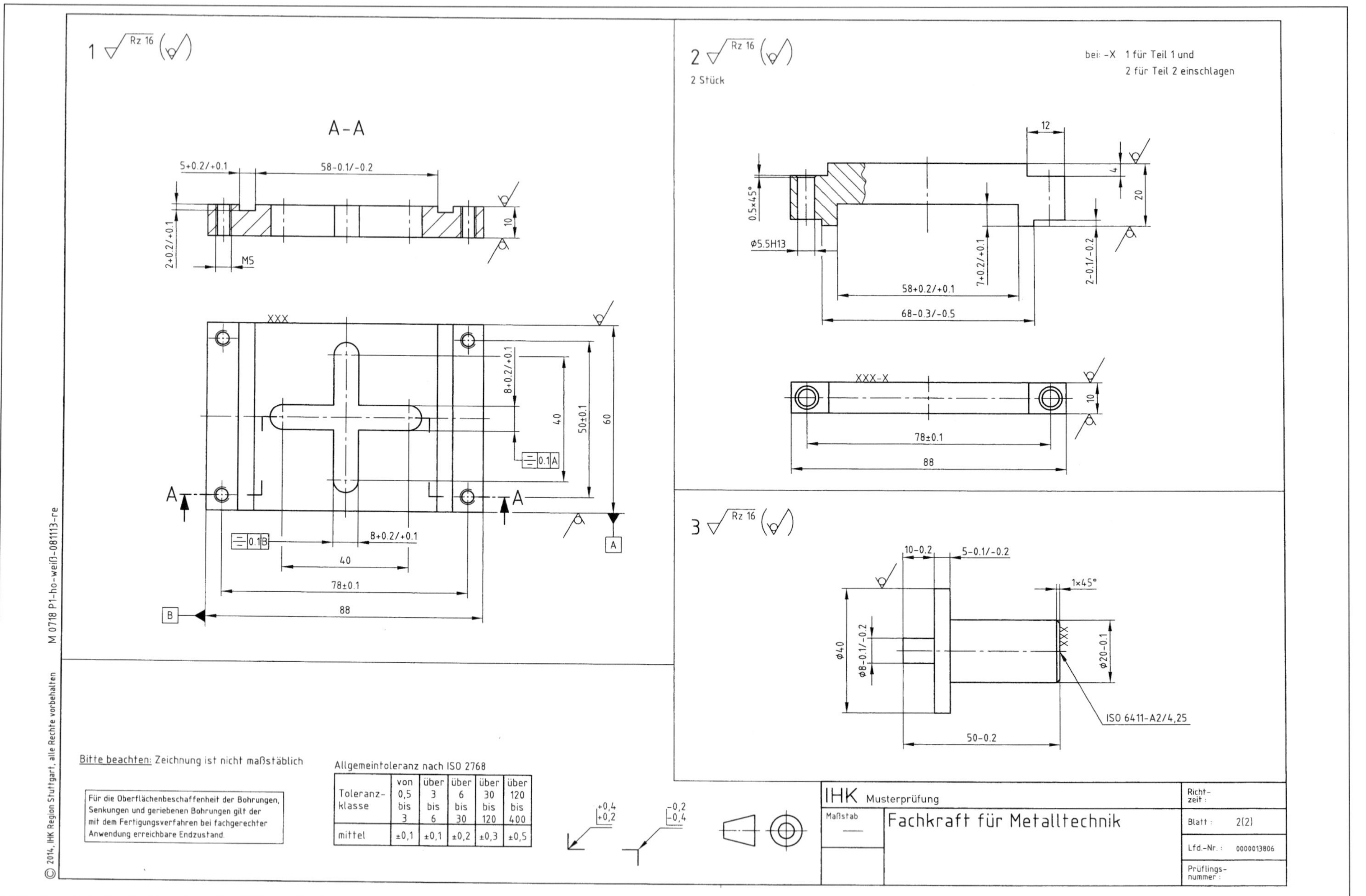

Allgemeintoleranz nach ISO 2768

Toleranzklasse	von 0,5 bis 3	über 3 bis 6	über 6 bis 30	über 30 bis 120	über 120 bis 400
mittel	±0,1	±0,1	±0,2	±0,3	±0,5

IHK Musterprüfung	Vor- und Familienname:	Blatt 1 von 4
	Prüflingsnummer:	
Planung Richtzeit: 30 min	**Fachkraft für Metalltechnik** Zerspanungstechnik	

Tragen Sie in den Kopf des Aufgabenblatts Ihren Vor- und Familiennamen und Ihre Prüflingsnummer ein.
Arbeiten Sie sich in die Ihnen für die Durchführung des Fertigungsauftrags überreichten Unterlagen ein und überlegen Sie sorgfältig, wie Sie bei der Herstellung des von Ihnen gewählten Werkstücks vorgehen würden.
Dann bearbeiten Sie die Aufgabe 1. Nennen Sie die Aufgabenlösung stichwortartig oder mit kurzen Sätzen.

Punkteschlüssel: 10 bis 0 Punkte

Notizen des Prüfungsausschusses zur Bewertung

1

Zeichnung Blatt 2(2)
Pos.-Nr. 1/Pos.-Nr. 3

Geben Sie zur Herstellung des **Frästeils (Pos.-Nr. 1) oder Drehteils (Pos.-Nr. 3)** die erforderlichen Arbeitsgänge in Fertigungsfolge sowie die erforderlichen Werkzeuge, Spannzeuge, Prüfmittel und die dazugehörigen technologischen Daten (Vorschub, Schnittgeschwindigkeit) an.
(Vorschub und Schnittgeschwindigkeit sind für jedes Werkzeug nur einmal anzugeben.)

Kreuzen Sie an, welches Werkstück Sie planen werden. Drehteil ☐ Frästeil ☐

Kreuzen Sie an, wie Sie das Werkstück fertigen werden. CNC ☐ konventionell ☐

Aufgabenlösung:

Nr.	Arbeitsgänge	Werkzeuge, Spannzeuge, Prüfmittel, technologische Daten

 M 0718 P2 -ho-weiß-251113 -1-(2)

Nr.	Arbeitsgänge	Werkzeuge, Spannzeuge, Prüfmittel, technologische Daten

Notizen des Prüfungsausschusses zur Bewertung

Feld P1

Punkte

Übertragen Sie das Ergebnis von Feld P1 in den Gesamtbewertungsbogen Blatt 4 von 4, Seite -1-(2).

-2-(2)

M 0718 P2 -ho-weiß-251113

3.7 Arbeitsblatt „Qualitätskontrolle“

Der Prüfling hat auf dem Arbeitsblatt „Qualitätskontrolle“ (Blatt 2 von 4) zu beurteilen und zu dokumentieren, ob die von ihm gefertigten Bauteile maß- bzw. lehrenhaltig sind. Er hat bei den vorgegebenen Merkmalen das Ist-Maß zu ermitteln und zu dokumentieren sowie im Abschnitt „Merkmal erfüllt“ durch Ankreuzen zu beurteilen, ob die Vorgabe erfüllt wurde.

Die Bearbeitung des Arbeitsblatts kann gleichzeitig mit der Durchführung erfolgen. Die vom Prüfling festgestellten Fehler darf dieser innerhalb der Prüfungszeit korrigieren.

Der Prüfling erhält nur dann 10 Punkte, wenn

1. das Merkmal vorhanden ist bzw. gefertigt wurde,
2. seine Istmaßangabe und seine Beurteilung – Merkmal erfüllt – miteinander übereinstimmen und
3. die Beurteilung des Prüflings mit der Beurteilung des Prüfers übereinstimmt.

Ausnahme:
Bei Merkmalen ohne Istmaßfeld werden nur die Punkte 1. und 3. berücksichtigt.

Die Handlungsphase „Qualitätskontrolle“ geht mit 10 % in das Ergebnis des Prüfungsstücks ein.

IHK Musterprüfung	Vor- und Familienname:	Blatt 2 von 4
	Prüflingsnummer:	
Qualitätskontrolle Richtzeit: 30 min	**Fachkraft für Metalltechnik** Zerspanungstechnik	

Arbeitsanweisung: Überprüfen Sie Ihre gefertigten Einzelteile auf Maß- bzw. Lehrenhaltigkeit. Beurteilen Sie, ob die vorgegebenen Merkmale erfüllt wurden. Ergänzen Sie die Tabelle.

Prüfprotokoll

Punkteschlüssel: * 10 oder 0 Punkte

Lfd. Nr.	Pos.-Nr.	Merkmale		Abmaße	Prüfling			Mitglieder des Prüfungsausschusses			Notizen des Prüfungsausschusses zur Bewertung
					Istmaße	Merkmal erfüllt		Istmaße	Merkmal erfüllt		
						ja	nein		ja	nein	
1	1	Länge	88	±0,3							
2	1	Nutenabstand	58	−0,1/−0,2							
3	1	Nutbreite bei Maßangabe	5	+0,2/+0,1							
4	1	Nutbreite waagerecht	8	+0,2/+0,1							
5	1	Nutbreite senkrecht	8	+0,2/+0,1							
6	2	Breite Teil 1	58	+0,2/+0,1							
7	2	Breite Teil 2	58	+0,2/+0,1							
8	2	Tiefe Teil 1	7	+0,2/+0,1							
9	3	Durchmesser	20	−0,1							
10	3	Durchmesser	8	−0,1/−0,2							

Wird vom Prüfungsausschuss ausgefüllt.

Zwischenergebnis: (max. 100 Punkte) Feld K1

* Der Prüfling erhält nur dann 10 Punkte, wenn
1. das Merkmal vorhanden ist bzw. gefertigt wurde,
2. seine Istmaßangabe und seine Beurteilung – Merkmal erfüllt – miteinander übereinstimmen und
3. die Beurteilung des Prüflings mit der Beurteilung des Prüfers übereinstimmt.

Ausnahme: Bei Merkmalen ohne Istmaßfeld des Prüflings werden nur die Punkte 1. und 3. berücksichtigt.

Übertragen Sie das Ergebnis von Feld K1 in den Gesamtbewertungsbogen Blatt 4 von 4.

 M 0718 P4 -ho-weiß-200214 -1-(1)

3.8 Bewertungsbogen „Durchführung Fertigungsauftrag“

Mit dem Bewertungsbogen „Durchführung Fertigungsauftrag“ (Blatt 3 von 4) wird eine Funktions-, Sicht- und Maßkontrolle an den Bauteilen durch die Mitglieder des örtlichen Prüfungsausschusses durchgeführt (ggf. auch eine Funktionskontrolle an der Baugruppe). Die Zwischenergebnisse sind in den Gesamtbewertungsbogen (Blatt 4 von 4) zu übertragen.

Die Handlungsphase „Durchführung“ geht mit 80 % in das Ergebnis des Fertigungsauftrags ein.

IHK Musterprüfung	Vor- und Familienname:	Blatt 3 von 4
	Prüflingsnummer:	
Bewertungsbogen Durchführung Fertigungsauftrag	**Fachkraft für Metalltechnik** Zerspanungstechnik	

Notizen des Prüfungsausschusses zur Bewertung

Lfd. Nr.	Pos.-Nr.	Sichtkontrolle	Punkteschlüssel: 10 oder 0 Punkte Funktionskontrolle	Sichtkontrolle
1	1	Werkstück nach Zeichnung gefertigt		
2	1	Oberflächenzustand der Nuten		
3	1	Oberflächenzustand der Langlöcher		
4	1	Oberflächenzustand der Gewinde		
5	1	Oberflächenzustand der restlichen Fräsarbeit		
6	2	Werkstücke nach Zeichnung gefertigt		
7	2	Oberflächenzustand der Aussparungen 58+0,2/+0,1		
8	2	Oberflächenzustand der Tiefen 2–0,1/–0,2		
9	3	Oberflächenzustand des ∅ 20–0,1		
10	3	Oberflächenzustand des ∅ 8–0,1/–0,2		
11	3	Oberflächenzustand der Planflächen		
12	1–3	Fachgerecht entgratet und gekennzeichnet		
		Zwischenergebnis:		
			Feld D1	Feld D2

M 0718 W1 -ho-rot-251113 -1-(2)

Notizen des Prüfungsausschusses zur Bewertung

Lfd. Nr.	Pos.-Nr.	Maßkontrolle		Punkteschlüssel: 10 oder 0 Punkte			
				Abmaße	Istmaße	Feinmaße	Grobmaße
1	1	Länge	88	±0,3			
2	1	Nutabstand	58	–0,1/–0,2			
3	1	Breite Nut bei Maßangabe	5	+0,2/+0,1			
4	1	Breite Nut	5	+0,2/+0,1			
5	1	Tiefe Nut bei Maßangabe	2	+0,2/+0,1			
6	1	Tiefe Nut	2	+0,2/+0,1			
7	1	Breite Langloch waagerecht	8	+0,2/+0,1			
8	1	Breite Langloch senkrecht	8	+0,2/+0,1			
9	1	Länge Langloch waagerecht	40	±0,3			
10	1	Länge Langloch senkrecht	40	±0,3			
11	1	Symmetrie Langloch zu A		0,1			
12	1	Symmetrie Langloch zu B		0,1			
13	2	Breite Aussparung (Pos.-Nr. 2/1)	58	+0,2/+0,1			
14	2	Breite Aussparung (Pos.-Nr. 2/2)	58	+0,2/+0,1			
15	2	Abstandsmaß (Pos.-Nr. 2/1)	68	–0,3/–0,5			
16	2	Abstandsmaß (Pos.-Nr. 2/2)	68	–0,3/–0,5			
17	2	Tiefenmaß (Pos.-Nr. 2/1)	7	+0,2/+0,1			
18	2	Tiefenmaß (Pos.-Nr. 2/2)	7	+0,2/+0,1			
19	2	Tiefenmaß (Pos.-Nr. 2/1) bei Maßangabe	2	–0,1/–0,2			
20	2	Tiefenmaß (Pos.-Nr. 2/2) bei Maßangabe	2	–0,1/–0,2			
21	2	Tiefe (Pos.-Nr. 2/2) bei Maßangabe	12	±0,2			
22	2	Abstandsmaß Bohrung (Pos.-Nr. 2/1)	78	±0,1			
23	2	Abstandsmaß Bohrung (Pos.-Nr. 2/2)	78	±0,1			
24	3	Länge	50	–0,2			
25	3	Durchmesser	20	–0,1			
26	3	Durchmesser	8	–0,1/–0,2			
27	3	Länge	10	–0,2			
28	3	Breite	5	–0,1/–0,2			
					Zwischenergebnis:		
						Feld D3	Feld D4

Übertragen Sie die Zwischenergebnisse von Feld D1–D4
in den Gesamtbewertungsbogen Blatt 4 von 4, Seite -1-(2).

-2-(2) M 0718 W1 -ho-weiß-251113

3.9 Gesamtbewertungsbogen

Auf dem „Gesamtbewertungsbogen“ (Blatt 4 von 4) sind die Zwischenergebnisse der Planungs-, Durchführungs- und Kontrollphase einzutragen. Nach der Multiplikation bzw. Division mit den Gewichtungsfaktoren ergibt die Summe davon das Ergebnis des Fertigungsauftrags.

IHK Musterprüfung	Vor- und Familienname:	Blatt 4 von 4
	Prüflingsnummer:	
Gesamtbewertungsbogen	**Fachkraft für Metalltechnik** Zerspanungstechnik	

Lfd. Nr.	**Planung**	Übertrag		Gewichtungsfaktor	Zwischenergebnis
1	Fertigungsauftrag planen Blatt 1 von 4	P1		10	
				(max. 100 Punkte)	Feld 1

Lfd. Nr.	**Durchführung**	Übertrag	Divisor	Umrechnung auf 100-Punkte-Schlüssel	Gewichtungsfaktor	Zwischenergebnis
1	Funktionskontrolle Blatt 3 von 4	D1		,		,
2	Sichtkontrolle Blatt 3 von 4	D2	1,2	,	0,2	,
3	Feinmaße Blatt 3 von 4	D3	1,4	,	0,5	,
4	Grobmaße Blatt 3 von 4	D4	1,4	,	0,3	,

Die Zwischenergebnisse müssen auf zwei Nachkommastellen kaufmännisch gerundet eingetragen werden.

Ergebnis auf eine ganze Zahl kaufmännisch gerundet (max. 100 Punkte) Feld 2

Lfd. Nr.	**Qualitätskontrolle**	Übertrag	Divisor	Umrechnung auf 100-Punkte-Schlüssel	Gewichtungsfaktor	Zwischenergebnis
1	Prüfprotokoll Blatt 2 von 4	K1	10	,	10	
					(max. 100 Punkte)	Feld 3

Berechnung des Ergebnisses:

Lfd. Nr.	**Handlungszyklen**	Ergebnisübertrag Punkte	Gewichtungsfaktor	Zwischenergebnis
1	Planung	Feld 1	0,10	,
2	Durchführung	Feld 2	0,80	,
3	Qualitätskontrolle	Feld 3	0,10	,
				,
				Ergebnis (max. 100 Punkte)

Hinweis:
Die Berechnung der Binnengewichtung erfolgt ausschließlich auf der Niederschrift. Somit werden Rundungsdifferenzen ausgeschlossen.

Die Ergebnisse müssen unbedingt auf ganze Zahlen kaufmännisch gerundet in die unten stehenden Felder übertragen werden.

Dieses Ergebnis ist in die Niederschrift (Feld „Fertigungsauftrag") zu übertragen.

Datum

Prüfungsausschuss

KA	PR-TER	IHK	BNR	Feld 1	Feld 2	Feld 3
9 9 9	M 1 4		0 7 1 8			
1–3	4–6	7–9	10–13	14–16	17–19	20–22
				max. 100	max. 100	max. 100

Die Ergebnisse bitte rechtsbündig und ohne Dezimalstelle eintragen!

 M 0718 W2-ho-rot-201114 -1-(2)

Dieser Ablochbeleg muss spätestens am XX.XX.XXXX bei der Industrie- und Handelskammer Region Stuttgart, Prüfungsaufgaben- und Lehrmittelentwicklungsstelle (PAL), Jägerstraße 30, 70174 Stuttgart, eingegangen sein.

-2-(2)

M 0718 W2-ho-rot-201114

4 Kontinuierlicher Verbesserungsprozess

Die Erstellung von Prüfungsaufgaben unterliegt einem kontinuierlichen Verbesserungsprozess. Ziel ist es, die Qualität der Prüfungen aktuell und für die Zukunft sicherzustellen und Verbesserungen für zukünftige Prüfungen abzuleiten.
Daher wird nach jeder Prüfung anhand einer statistischen Auswertung untersucht, wie die einzelnen Prüfungsaufgaben gelöst wurden und wie sich die Prüfungsergebnisse auf die verschiedenen Notenstufen verteilen.

4.1 Stellungnahme des Prüfungsausschusses

Der Prüfungsausschuss hat über ein **„Onlineformular"** die Möglichkeit, eine Stellungnahme zur gelaufenen Prüfung abzugeben (die Zugangsdaten sind über die örtlich zuständige Industrie- und Handelskammer/Handwerkskammer erhältlich).
Die Rückmeldungen der Prüfungsausschüsse zu den schriftlichen Aufgabenstellungen und zum Prüfungsstück werden zentral erfasst und an die PAL gesendet. Dort werden die Hinweise gebündelt und den erstellenden Gremien zur Beratung vorgelegt. Eine Stellungnahme des Erstellerausschusses zu den einzelnen Rückmeldungen wird den Industrie- und Handelskammern/Handwerkskammern über einen „geschützten Bereich" online zur Verfügung gestellt. Diese verteilen sie an die örtlichen Prüfungsausschüsse.
Somit sind auch die Prüfungsausschüsse Teil des Qualitätszirkels und tragen durch ihre Erfahrungen zu einer ständigen Prozessoptimierung bzw. zur Qualitätssicherung bei.

Da zu dem Zeitpunkt des Eingangs der Stellungnahmen die nächsten Prüfungen bereits fertig erstellt sind, können eventuelle Änderungswünsche der örtlichen Prüfungsausschüsse frühestens ein Jahr nach der „Abgabe" der Stellungnahmen in die neu zu erstellenden Prüfungen eingehen. Eine sofortige Anpassung/Umsetzung ist aufgrund des Vorlaufs bei der Erstellung der Prüfungsaufgaben nicht möglich.